AF401469

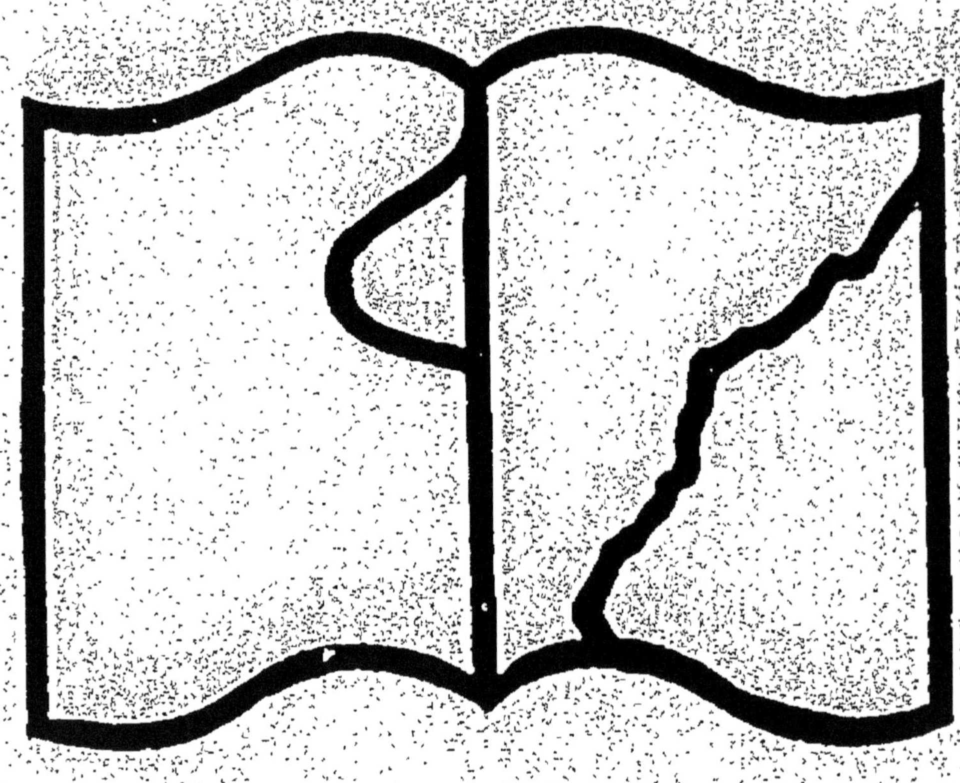

Texte détérioré — reliure défectueuse

NF Z 43-120-11

(NOUVELLE DIOPTRIQUE DES RAYONS VISUELS)

# THÉORIE NOUVELLE

## DE LA

# LUNETTE DE GALILÉE

PAR

**M. G. QUESNEVILLE**

DOCTEUR ÈS SCIENCES

PROFESSEUR AGRÉGÉ A L'ÉCOLE SUPÉRIEURE DE PHARMACIE

DIRECTEUR DU *Moniteur Scientifique*

(NOUVELLE DIOPTRIQUE DES RAYONS VISUELS)

# THÉORIE NOUVELLE

DE LA

# LUNETTE DE GALILÉE

# THÉORIE NOUVELLE

## DE LA

# LUNETTE DE GALILÉE

PAR

## M. G. QUESNEVILLE

DOCTEUR ÈS SCIENCES

PROFESSEUR AGRÉGÉ A L'ÉCOLE SUPÉRIEURE DE PHARMACIE

DIRECTEUR DU *Moniteur scientifique*

PARIS

LIBRAIRIE SCIENTIFIQUE A. HERMANN

LIBRAIRE DE S. M. LE ROI DE SUÈDE ET DE NORWÈGE

6 et 12, rue de la Sorbonne

1902

# THÉORIE NOUVELLE

## DE LA

# LUNETTE DE GALILÉE

## AVANT-PROPOS

Nous avons donné en 1900 dans le *Moniteur scientifique* une introduction sur ce sujet qui s'adressait pour la première partie aux ophtalmologistes et pour la lunette de Galilée aux physiciens. Nous laissons aujourd'hui de côté ce qui regarde la première partie, trop étendue pour pouvoir être encore publiée, et nous ne nous occuperons que de la théorie nouvelle de la lunette de Galilée, car il est urgent de voir disparaître de l'enseignement officiel l'accumulation d'erreurs auxquelles a donné lieu cette théorie et dont la figure ci-contre est la synthèse.

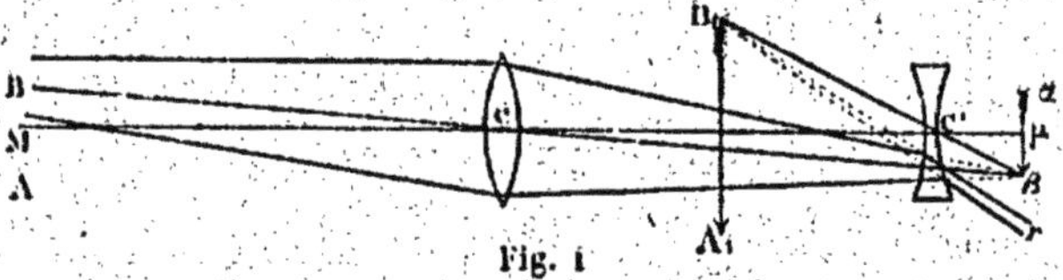

Fig. 1

Le lapsus que nous avons signalé pour la première fois, lapsus de construction géométrique commis de tout temps, par suite d'une idée erronée sur les rayons qui pénètrent dans l'œil, est de suite mis en pleine lumière par la comparaison de la figure précédente avec la suivante, extraites toutes les deux des ouvrages classiques.

La première figure est de Daguin (*fig.* 1639, p. 375, t. IV, 3ᵉ édition) dans sa description de la lunette de Galilée, la seconde (*fig.* 2) a été donnée par Verdet (Cours de physique, t. II, p. 210, *fig.* 385) à propos du microscope solaire.

La lentille divergente étant dans les deux cas située entre l'objectif et
l'image optique, la *construction devait se trouver la même*, attendu que si
les objets sont éloignés dans la lunette de Galilée, le foyer de l'objectif est
par compensation relativement long, si l'objectif lumineux est très rap-
proché dans le microscope solaire la distance focale est par contre très
courte, de manière que dans les deux cas la lentille divergente soit en deçà
de l'image optique.

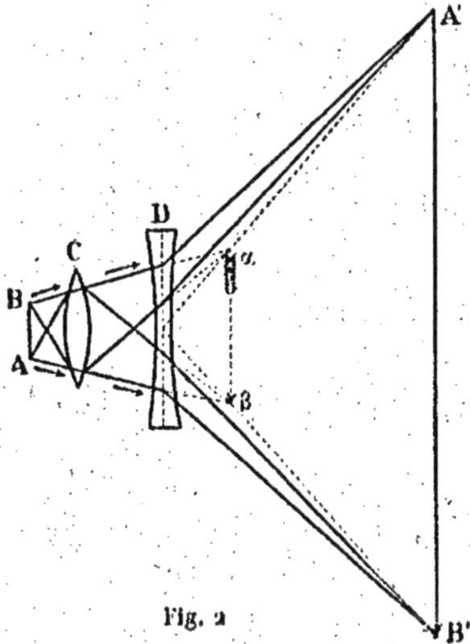

Fig. 2

La dernière construction seule est exacte, car des faisceaux donnant une
image *réelle* αβ, peuvent être *déplacés* par un prisme (la lentille biconcave
est un double prisme) de manière à transporter en A'B' l'image optique
d'une lentille convergente, mais jamais une image *réelle* de projection β
d'un point B n'a pu être transformée par un prisme en une image B₁, EN
DEÇA du prisme, entre l'oculaire et l'objectif, c'est-à-dire en une image
virtuelle comme dans la figure 1.

Les rayons incidents C(1)β, A(2)β viennent se couper en β sous un
angle ω (*fig.* 2 bis). Si $i_1$ et $r_1$, $i'_1$ et $r'_1$ sont les angles d'incidence et de réfraction des deux rayons comptés avec la surface $ss'$, on a $\dfrac{\cos i_1}{\cos r_1} = n = \dfrac{\cos i'_1}{\cos r'_1}$.
Or il est facile de voir que l'on a entre les rayons incidents la relation
$i'_1 = i_1 + \omega$, il en résulte que toujours $r'_1 > r_1$. Par conséquent le rayon
A(2)β réfracté vient toujours couper le premier rayon C(1)β réfracté en B'
comme l'indiquait exactement la figure 2 *et jamais en* B₁ (*fig.* 1) ainsi
que l'ont admis tous les auteurs de la théorie de la lunette de Galilée.

En rapprochant encore la première figure de celle *(fig.* 3) que les *rares auteurs* qui ont montré comment les rayons pénétraient dans l'œil ont donnée (D<sup>r</sup> S. Czapski. — Théorie des instruments d'optique, p. 250, Breslau, librairie Trewendt, 1893), il devenait visible que la figure classique (1) était basée sur une double erreur :

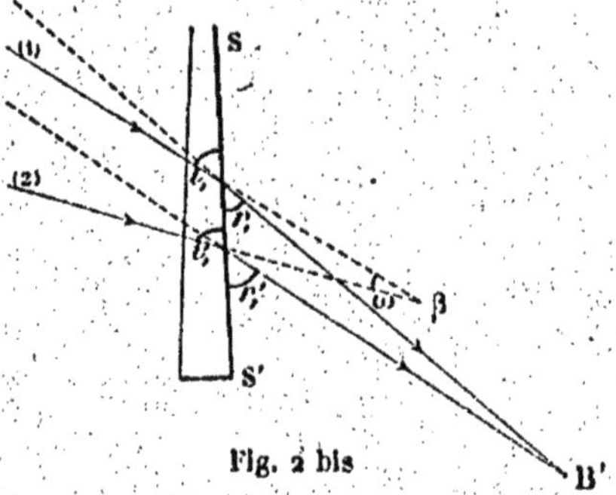

Fig. 2 bis

1° On avait construit l'image *virtuelle* avec des rayons donnant une image réelle A'B' de projection, de photographie;

2° On avait pris pour rayons visuels des rayons qui *ne pénètrent pas dans l'œil* d'après la propre figure du D<sup>r</sup> Czapski.

Les auteurs se sont divisés en deux groupes : les uns figuraient l'image virtuelle, mais supprimaient prudemment l'œil, se trouvant dans l'impossibilité d'y faire pénétrer les rayons divergents. Les autres, comme le D<sup>r</sup> Czapski, donnaient la marche des rayons visuels mais ne figuraient pas l'image virtuelle *(fig.* 3).

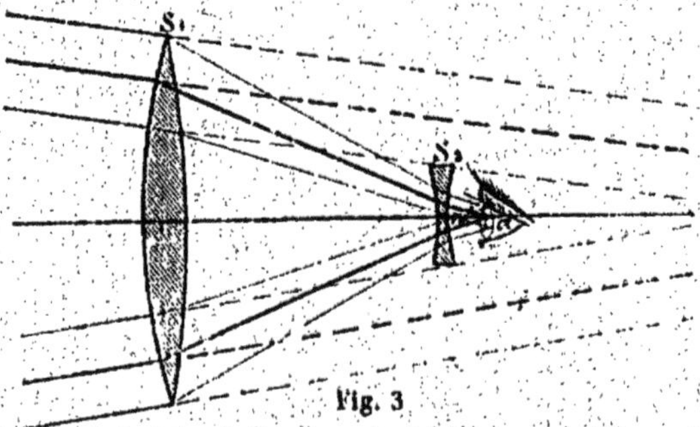

Fig. 3

Nous ne parlons pas des anciens auteurs qui avaient été réduits à prendre un objet de dimensions *micrométriques* pour représenter, en donnant à la pupille une ouverture énorme, à la fois l'image virtuelle et les rayons pénétrant dans l'œil *(fig.* 73, p. 218 de l'ouvrage du D<sup>r</sup> S. Czapski).

Comme les objets que l'on vise avec la lunette de Galilée sont des paysages, des monuments, de dimensions *plus grandes* que l'objectif, la marche des rayons qui en viennent et pénètrent dans l'œil est bien celle que donnait la figure du D<sup>r</sup> Czapski.

Du reste une expérience très simple montre que l'on ne pouvait pas adopter un autre tracé pour les rayons visuels.

Si l'on place un diaphragme de 1 à 1 et demi millimètre d'ouverture tout contre l'oculaire de la lunette de Galilée et qu'on regarde derrière le diaphragme, à l'intensité lumineuse près fonction de l'ouverture, on observera *avec le même grossissement*, si l'on prend comme point de repère un diaphragme de la lunette.

Donc c'était uniquement avec des rayons *convergents* comme ceux du D<sup>r</sup> Czapski pénétrant dans l'œil que l'on devait obtenir l'image de l'objet sur la choroïde.

La figure suivante de Violle plus précise que celle de Daguin et qui est celle enseignée dans tous les lycées et collèges est donc complètement fausse.

Depuis que nous avons fait paraître notre introduction où nous indiquions tous ces faits, le D<sup>r</sup> Czapski nous a écrit que dans son ouvrage il n'a *nulle part* cité la figure schématique (*fig. 4*) de Violle *qui est fausse « for*

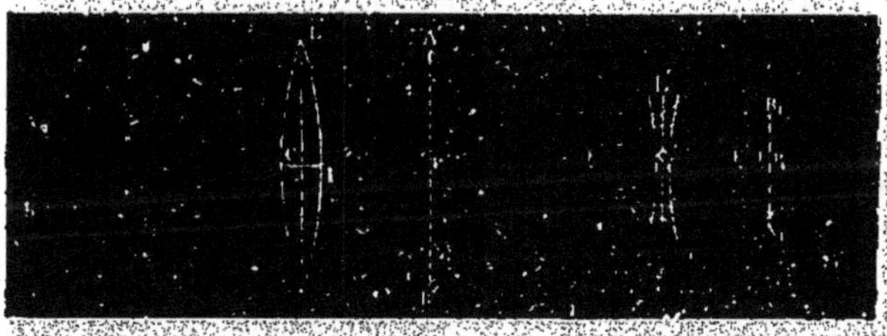

Fig. 4.

Allem aber erwähne ich ausdrücklich nicht die *Figur*, sondern die *Darlegung* Violle's. Die rein schematische, *fig.* 421 (p. 641) bei Violle ist *falsch*, seine Darstellung seiten 643/4 aber halte ich auch heute noch für *richtig* ». Nous avons répondu au D<sup>r</sup> Czapski qu'il était regrettable qu'il n'eût pas signalé plus tôt et en particulier dans son ouvrage la fausseté de la figure classique donnée par Violle, fausseté dont il parlait pour la première fois dans la lettre qu'il nous écrivait ; et qu'il était difficile d'admettre qu'avec une figure fausse acceptée actuellement par tout le monde, on ait pu représenter exactement le grossissement des objets éloignés par la formule

$$G = \frac{F}{f}.$$

admise par lui *encore* comme exacte « noch *richtig* » ; uniquement sans doute parce qu'il l'a donnée dans son ouvrage, comme tous les auteurs du reste, et qu'il n'a pas la ressource aujourd'hui de la renier comme il renie la figure de l'ouvrage de Violle. Nous verrons que la formule THÉORIQUE du grossissement était complètement inexacte comme la figure classique reconnue *fausse*, après nous, par le Dr Czapski.

Il suffisait du reste de faire remarquer que la formule ci-dessus donnait le grossissement de la lunette astronomique dans laquelle l'oculaire est une *loupe*, et que l'on avait commis une grosse erreur en ne tenant aucun compte des propriétés des lentilles *divergentes* d'après lesquelles les images *virtuelles* sont placées entre le foyer principal F' et la lentille C' et non au-delà du foyer principal, en P' comme dans la figure de Violle. L'*image virtuelle des auteurs ne répondait à aucune image virtuelle des lentilles divergentes.*

Et c'est ce qui explique les variétés de constructions des physiciens. Les anciens plaçaient logiquement l'image virtuelle à la vision distincte des observateurs, qui pour les presbytes se trouvait au-delà de l'objectif.

On voit un exemple de ce tracé dans la figure 73, p. 218 de la « Théorie des instruments d'optique » du Dr S. Czapski.

S. Czapski fait remarquer que la plupart des figures de la lunette de Galilée sont incorrectes surtout parce que l'on n'a pas placé l'image virtuelle entre les deux lentilles. Il donne comme exemple cette figure de son livre, où l'image virtuelle a de ce fait des dimensions quatre fois trop grandes.

P. Mossoti, d'après Czapski, a donné la première figure exacte de la lunette de Galilée (Nuova teoria degli stromenti ottici Pisa 1859, p. 55 et 87). Ont aussi fait paraître certaines discussions sur la lunette de Galilée : N. Lubimoff (Carl's Repert. 8, p. 336 et Pogg. Ann. 148, p. 405, 1873) ; Bredichin et Bohn (Carl's Rep. 9, p. 97, 108, 307) ; Pscheidl (Carl's Rép. 18, p. 686) et Bohn (Exner's Rep., 19, p. 243) ; Czapski (Zeitsch. f. Instrkde 7, p. 409, 1887, 8, p. 102, 1888) ; G. Ferrari (Fundamentaleigenschaften.... p. 419) et Billotti (Theoria.... p. 137).

S. Czapski a passé en revue tous ces mémoires. Aussi lorsqu'il conclut « in Violle's Lehrbuch der physik die fraglichen Verhältnisse richtig dargelegt gefunden » (p. 251), nous devons donc à notre tour conclure que la formule du grossissement ci-dessus reproduite est la synthèse de toutes les recherches sur la lunette de Galilée.

Les auteurs modernes plaçaient l'image virtuelle entre l'objectif et l'oculaire comme on le voit dans les figures de Daguin et de Violle. Or, si les anciens avaient eu pour eux cette circonstance atténuante d'ignorer le rôle de la lentille divergente dans la vision distincte, rôle analogue à celui dont nous avons prouvé pour la première fois l'existence dans notre théorie nouvelle de la loupe, s'ils avaient commis l'erreur de croire que l'on visait l'image virtuelle formée, ils étaient au moins logiques avec eux-mêmes en enseignant que l'image virtuelle que l'on a crue jusqu'ici être celle de l'objet se trouvait placée à la vision distincte. Quant aux auteurs modernes, eux, ils laissaient croire que leur image virtuelle était à la vision distincte de l'observateur, mais n'insistaient pas sur ce sujet scabreux. En effet, avec une jumelle de théâtre de 9 centimètres dans son plus grand tirage, un presbyte dont la vision distincte minima est à 40 centimètres, voit très nettement un objet éloigné. L'image virtuelle des auteurs modernes en deçà de l'objectif n'est donc pas à la vision distincte. Alors quelle est cette vision distincte si c'est l'image virtuelle que l'on vise ? Quelle est cette position d'une image virtuelle basée sur une grossière erreur de construction ? Car si le D$^r$ Czapski avoue que la figure de Violle est fausse, il ne dit pas où est l'erreur.

Nous allons de suite le montrer.

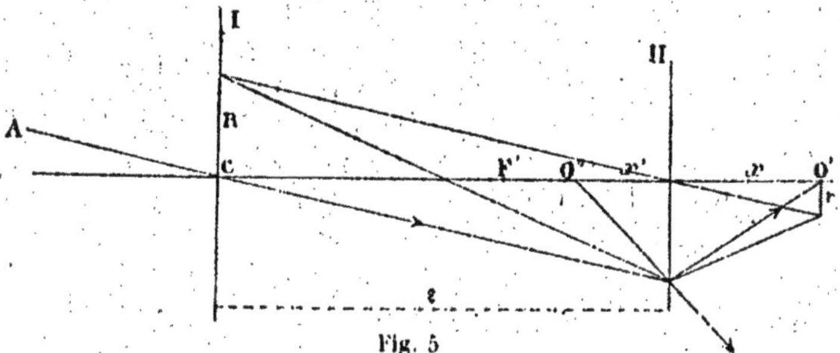

Fig. 5

Les auteurs qui ont construit la figure 4 en représentant un rayon AC, paraissant après réfraction dans la lentille biconcave venir de F'A', ont montré qu'ils avaient complètement oublié comment l'on calcule dans toutes les lunettes la *position de l'anneau oculaire*. Dans la lunette astronomique, en particulier AC est un rayon qui vient de l'infini. Or, ceci n'empêche pas les auteurs d'enseigner avec raison que le rayon qui vient tomber (*fig.* 5) sur la lentille convergente II semble venir *du point C*, centre optique de l'*objectif*, et que l'on a la position $x$ de l'anneau oculaire par la relation

$$\frac{1}{\varepsilon} + \frac{1}{x} = \frac{1}{f}$$

$\varepsilon$ étant l'*écartement des deux lentilles*, $f$ le foyer principal de II. Supposons que la lentille II soit biconcave, alors c'est *toujours le point C* qui semble avoir fourni le rayon réfracté, qui, après réfraction paraît venir d'un point O″ donné par la formule des lentilles divergentes

$$\frac{1}{x'} - \frac{1}{\varepsilon} = \frac{1}{f} \, ;$$

par conséquent la figure 4 était fausse parce que *jamais les rayons réfractés ne pouvaient être considérés comme venant du foyer principal F′*. Pour que l'on eût $x' = f$ il aurait fallu que $\varepsilon = \infty$, c'est-à-dire que *l'objectif fût à une distance infiniment grande de l'oculaire*. Tel est le genre d'erreurs commises dans la lunette de Galilée! Et en effet, on ne devait pas oublier les propriétés les plus élémentaires des lentilles divergentes, d'après lesquelles l'image virtuelle d'un point C était située en O″, foyer conjugué de C entre la lentille II et F′ (foyer conjugué de l'infini) et non au-delà de F′, comme la figure 4 l'indique. Pourquoi les auteurs anciens et modernes en sont-ils arrivés à oublier volontairement les propriétés les plus connues des lentilles divergentes ? La raison en est bien simple. En plaçant comme ils savaient qu'ils devaient le faire l'image virtuelle entre un foyer principal de 5 à 6 centimètres et l'oculaire, ils ne pouvaient s'expliquer la vision nette de l'image virtuelle de l'objet qu'ils croyaient viser, quand l'œil était tout contre la lentille divergente, c'est-à-dire à 3 ou 4 centimètres de cette image. Ceci montre bien qu'anciens et modernes étaient persuadés qu'ils se trouvaient en présence de l'image virtuelle de l'objet visé et alors ils avaient une tendance naturelle à placer cette image virtuelle à la vision distincte de l'observateur. Tel est un des points les plus importants que nous avons éclairci aujourd'hui. Nous n'avions pas abordé ce sujet jusqu'ici, ayant réservé pour plus tard la question de la vision nette.

Dans ce qui a paru dans le *Moniteur scientifique* en 1900, nous n'avions examiné que la déviation des rayons qui coïncidaient avec ceux de l'image virtuelle, visée avant l'intercalation de l'objectif. Cela suffisait ayant réservé l'examen de la vision nette, et nous avions montré toutes les erreurs commises même dans ces conditions simplifiées, soit dans la marche des rayons visuels, soit dans le calcul du grossissement et rétabli les propriétés exactes des deux lentilles en montrant que l'objectif seul grossissait les objets, l'oculaire diminuant le grossissement. Il nous restait à expliquer la vision nette quand l'image virtuelle est située entre le foyer principal et l'oculaire, c'est-à-dire à 3 ou 4 centimètres de l'œil. Et c'est alors que nous avons de suite conclu, comme l'auraient fait les auteurs s'ils avaient songé à construire pour l'objectif et le cristallin l'anneau oculaire, que la seule

image virtuelle formée était celle de l'*Objectif*, puisque celui-ci était interposé entre l'objet et la lentille divergente. Quand on est à la vision distincte
de l'objet on n'est donc pas à la vision nette de l'image virtuelle de l'objectif
la seule qui puisse se former. On ne devait pas oublier lorsque l'on construit l'image virtuelle d'un point que *rien n'est intercalé* entre ce point et
la lentille divergente, dans toutes les théories données. On ne pouvait donc
avoir que l'image virtuelle des diaphragmes placés *entre l'objectif et
l'oculaire et non* celle des objets *au-delà* de l'objectif.

La figure suivante (*fig.* 6) nous a alors donné toute la théorie de la
lunette de Galilée. — En regardant à travers l'objectif seul, l'œil placé en
K en deçà de l'image optique voyait une fraction $h$ de l'objet H et non
l'objet tout entier dont l'image de projection était H', comme on l'enseignait. Cette fraction faisait image dans l'œil en $h_1$ en avant de la choroïde,
vision trouble. En intercalant la lentille divergente l'image $h_1$ était reportée en $h_2$ et comme on obtenait la position de $h_2$ en fonction du tirage $\varepsilon$, il
suffisait de donner un tirage tel que $h_2$ fût exactement sur la choroïde.

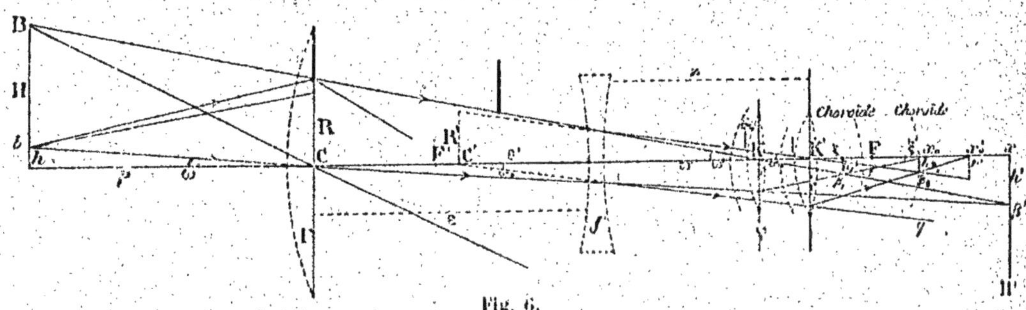

Fig. 6.

L'image $\beta_2$ de $b$ sur la choroïde n'était bien entendu formée que par un
faisceau très dilué de rayons partis de $b$, venus de la *partie supérieure de
l'objectif* comme dans la figure 3 du Dʳ Czaspski, et ayant les dimensions
de l'ouverture pupillaire, c'est-à-dire que les rayons $bC$ qui ont servi à
déterminer la position de $\beta_2$ n'entrent pas dans l'œil (le diaphragme iris
du reste les arrêterait) et par suite vont former une image photographique,
dans la téléphotographie à l'aide de la lunette de Galilée.

La figure actuelle convient au cas où l'observateur K est en deçà de
l'image optique de l'objet H, c'est l'observation habituelle dans la lunette
de Galilée.

La théorie de la lunette de Galilée devait donc être complètement refaite
et l'on peut s'étonner que les milliers de professeurs qui l'enseignent périodiquement ne s'en soient pas aperçu. De tout temps en effet les étudiants

leur faisaient cette objection à laquelle ils ne répondaient pas. Comment donc les rayons *divergents* (*fig.* 4) passant *au-dessous* du centre optique de l'oculaire et venus de l'image virtuelle A′ pénètrent-ils dans l'œil? La figure du D<sup>r</sup> S. Czapski montrait que seuls ceux passant *au-dessus* du centre optique de l'oculaire pouvaient aller faire image sur la choroïde, que l'objection était exacte, et que l'ancien tracé des rayons visuels à ce seul point de vue n'avait pas le sens commun. A cette objection on pouvait joindre cette remarque : L'image virtuelle dans les lentilles divergentes est en deçà du foyer principal, pourquoi donc est-elle au delà (*fig.* 4) pour un observateur qui regarde à travers une telle lentille dans la théorie actuelle? Enfin en notant encore la contradiction des figures 1 et 2 qui au point de vue purement géométrique devaient être les mêmes, on peut donc dire que la théorie actuelle de la lunette de Galilée n'a été qu'une accumulation d'erreurs, dues à ce premier fait, l'oubli du tracé des rayons visuels dans l'œil considéré comme une lentille convergente, et à ce second fait : l'ignorance complète du rôle des deux lentilles dans l'interprétation du grossissement et de la vision nette. Mais, et ceci va jeter une profonde stupeur parmi tous ceux qui jusqu'ici ont donné la théorie que nous avons rappelée, le fait primordial qui résulte de notre figure, est que *jamais l'objet visé à travers deux lentilles*, la première *convergente*, la seconde *divergente, n'a fourni d'image virtuelle.* La seule image virtuelle R′ formée est celle de l'objectif R, C′ image virtuelle de C. De plus les rayons venus de cette image virtuelle (ω′₀ foyer conjugué de C′) font toujours leur image r′ au-delà de la choroïde quand on est à la vision distincte de l'objet visé; à la vision nette de l'image virtuelle, on n'a qu'une vision trouble de l'objet. Ainsi, *jamais on n'a visé d'image virtuelle,* quand on a voulu voir nettement un objet avec la lunette de Galilée. L'image virtuelle de l'objectif pouvait donc être sans inconvénient bien en deçà de la vision distincte, à quelques centimètres de l'œil pour les oculaires à court foyer comme les propriétés de ces lentilles nous l'indiquaient. Quant au rôle de la lentille divergente sur l'image de projection $h_1$ dans le système convergent objectif-cristallin, (*fig.* 6) il fut exactement le même que celui que les auteurs ont décrit dans le microscope solaire et représenté par la figure 2. De même qu'en intercalant ici la lentille divergente D entre l'objectif et l'image de projection αβ on a reporté celle-ci en A′B′ sur un écran; de même (*fig.* 6) la lentille divergente intercalée entre l'objectif et l'image de projection $h_1$ a reporté cette image en $h_2$ sur la choroïde jouant le rôle d'écran. Les droites menées par les extrémités de $h_2$ et le point nodal K′ étant des lignes de direction de la vision, l'angle $ω_1$ qui sous-tend l'image virtuelle de l'*objectif* est donc l'angle visuel après réfraction à travers l'ensemble des deux lentilles, et comme l'angle visuel avant réfraction si l'objet est éloigné est ω, le grossissement sera défini comme dans la lunette astronomique par le rapport de ces deux angles ou plutôt de leur tangentes.

En même temps nous pouvons formuler cette loi qui donne toute la théorie de la vision à travers les lentilles et qui, si elle avait été connue, aurait empêché les auteurs de commettre la série d'erreurs que nous avons relevées dans la lunette de Galilée. Cette loi est la suivante. Quels que soient le nombre et la nature des lentilles interposées entre un objet et l'œil qui vise cet objet à travers celles-ci, la *première* lentille tournée vers *l'objet* déterminera *seule* la nature de l'image. C'est ainsi que dans le microscope solaire, dans la lunette de Galilée, la lentille convergente étant tournée vers l'objet, on a toujours eu une image réelle de projection, parce que la lentille divergente dévie les rayons, mais ne modifie pas la nature de l'image qui, réelle, reste réelle.

Lorsque de même on regarde avec une jumelle par le gros bout, la lentille divergente étant tournée vers l'objet, c'est toujours une image virtuelle, du même côté que l'objet, qui se forme et que l'on vise même quand on intercale une lentille convergente entre l'objectif et l'œil. Il en résulte donc que dans la lunette de Galilée on ne *visait jamais d'image virtuelle de l'objet* (qui ne pouvait exister) et que toute l'ancienne théorie basée sur cette hypothèse de la vision d'une image virtuelle devait être rejetée *à priori*.

La véritable théorie de la lunette de Galilée que nous allons développer sera représentée par l'ensemble des figures 2, 3 et 6. La théorie classique actuelle avec les grossières erreurs que nous avons relevées est représentée par les figures 1 et 4.

## I. — De la vision à travers les lentilles

Avant d'aborder notre théorie nouvelle de la lunette de Galilée, il convient de continuer l'énumération de la suite des erreurs enseignées, même en ne tenant pas compte de la réfraction de l'œil, c'est-à-dire en représentant l'œil par un point suivi de la lettre O, comme l'ont fait tous les auteurs.

Conformément aux figures de Daguin et de Violle, on disait :

L'œil voit l'image de projection αβ que donne la première lentille et, grâce à la seconde lentille divergente mise devant l'œil, cette image de projection αβ est vue à la vision distincte $A_1B_1$, considérablement agrandie. C'était simple, facile à calculer et complètement faux comme l'expérience la plus primitive permettait de le vérifier.

En premier lieu $A_1B_1$ n'est nullement à la vision distincte quand c'est un presbyte qui regarde, comme on le vérifie avec une jumelle de théâtre. Et comme nous l'avons rappelé d'après le Dr Czapski, les anciens auteurs qui plaçaient $A_1B_1$ à la vision distincte, c'est-à-dire au-delà de l'objectif, avaient obtenu des grossissements 4 fois trop grands.

En second lieu il est facile de vérifier que ce que l'on voit n'est nullement l'*image de projection amplifiée*.

Prenons une jumelle de théâtre mise au point, puis dévissons l'oculaire, et l'objectif tourné vers une fenêtre, déterminons-en l'image optique. Il suffit de mettre un papier transparent au foyer conjugé de la fenêtre et en se plaçant à la vision distincte du papier l'image optique très nette est vue par transparence. Le diaphragme, qui est dans la lunette, limite l'image optique de la fenêtre à deux carreaux et demi. Cela posé, revissons l'oculaire et visons la fenêtre. Bien que l'œil soit *beaucoup plus près du diaphragme* que l'image optique, on ne perçoit plus qu'un *carreau*. Donc cette expérience, que tout le monde peut répéter, prouve l'inexactitude de l'hypothèse primitive des auteurs. L'image de projection fournie par la première lentille n'était pas celle que l'on voyait, comme on l'enseignait.

Pour le calcul du grossissement on supposait l'œil au centre optique de la lentille divergente. Or, les rayons qui vont donner une image réelle sur le fond de l'œil passent par le point nodal de celui-ci qui se trouve au moins à 2 centimètres de l'oculaire en tenant compte de l'épaisseur de la cornée transparente, des paupières, etc., et de ce fait que le 1er foyer principal de l'œil est à $12^{mm},8$ de la cornée transparente.

C'est-à-dire que pratiquement on ne pouvait supprimer les propriétés des lentilles divergentes, ce que l'on faisait en réalité en plaçant le point nodal au centre optique de l'oculaire.

Mais il y a plus, on enseignait dans la théorie actuelle que l'œil était nécessairement en deçà de l'image optique comme la lentille divergente.

Or, la seconde objection à la théorie actuelle est la suivante, l'œil peut être écarté autant qu'on voudra de l'oculaire dans la lunette de Galilée. Si emmétrope on fait des efforts d'accommodation suffisants ou, si myope on regarde avec le binocle dont le numéro convient à la distance de l'objet à laquelle on est placé on peut avec une jumelle de théâtre écarter l'œil de l'oculaire de 20 *centimètres* et voir *très nettement*.

Le grossissement va en diminuant dans ces conditions, mais non pas aussi rapidement que lorsque l'on s'écarte d'une lentille biconcave.

Donc l'hypothèse des auteurs qui supposaient que l'œil devait être placé nécessairement tout contre l'oculaire, c'est-à-dire *en deça* de l'image optique, était fausse.

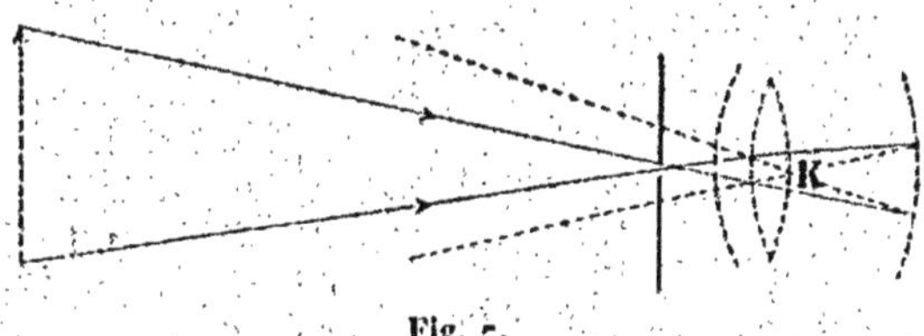

Fig. 7.

Une théorie rationnelle et générale de la lunette de Galilée devait donc placer l'œil à une distance variable de l'oculaire. On devait en outre ne pas perdre de vue les notions les plus élémentaires concernant la vision des *objets*. Nous allons les rappeler, car nous les invoquerons dans la nouvelle théorie que nous donnerons.

La vision des *objets* peut s'obtenir de deux façons : soit en regardant à travers un petit diaphragme placé devant la cornée transparente, *ce qui revient à supprimer le cristallin*, soit en n'ayant comme diaphragme que l'iris, ce qui permet au cristallin de jouer son rôle de lentille convergente.

Dans le premier cas (fig. 7) l'œil est une véritable chambre noire.

Il n'existe aucun cercle de diffusion, c'est *point* par *point* que l'impression lumineuse se fait sur le fond de l'œil, *quelle que soit la distance de l'objet, quelle que soit la vue de l'observateur*, presbyte, myope, hypermétrope, *on verra également bien*, à l'intensité lumineuse près, bien entendu, puisque celle-ci est toujours fonction de l'ouverture du diaphragme. C'est la vision sans accommodation. Nous insistons sur cette vision à travers une petite ouverture parce que nous avons rencontré un ophtalmologiste des plus distingué, devenu presbyte par l'âge, et qui au bout de trente ans d'exercice, fut très étonné de pouvoir lire à quelques centimètres en remplaçant ses besicles par un petit diaphragme mis devant l'œil. Si l'ouverture est trop petite pour que les rayons incidents ne puissent être considérés comme passant par le point nodal K, alors l'objet paraît grossi (*fig.* 7), c'est-à-dire que l'angle visuel paraît plus grand que dans la figure ci-dessous.

Dans le second cas qui constitue la vision habituelle, il y a formation d'une image optique, grâce au cristallin jouant le rôle de lentille convergente et suivant la position de cette image, par rapport au fond de l'œil, on a les variétés connues de presbyte, myope, etc. (*fig.* 8).

Quelle que soit la manière dont le fond de l'œil sera impressionné, soit par point comme dans le premier cas, soit par une véritable image optique comme ci-dessous, pour avoir la *notion d'un* OBJET *il faudra toujours figurer des rayons convergents partis des extrémités de cet objet et représentés par les flèches passant par le centre nodal de l'œil dans la vision avec accomodation*. Or, cette seule remarque condamnait les figures 1 et 4 des auteurs.

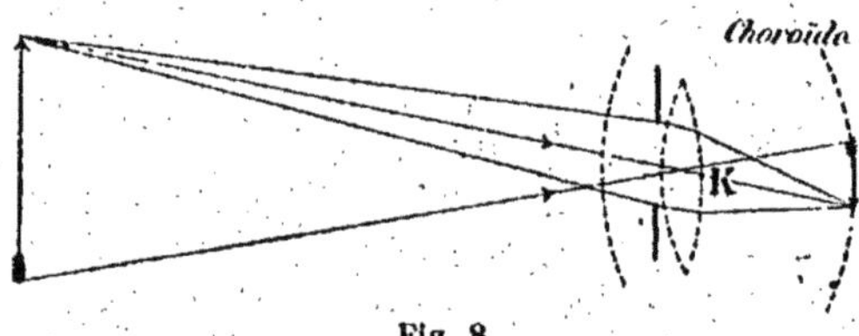


Fig. 8

La grosse erreur commise, en outre, dans la théorie de la lunette de Galilée, représentée par les figures 1 et 4, a été de ne pas attribuer aux deux lentilles plan-convexe et biconcave le rôle qu'elles remplissent séparément par rapport à l'œil.

Seul le D^r Czapski, par sa figure 3, nous permet de nous rendre compte du rôle joué par la première lentille qui est de voir les objets sous un angle *plus grand*, puis par le trajet des rayons à travers la seconde lentille sous un angle *plus petit*; mais il semble qu'après avoir été si près de la vérité il ait reculé à conclure. La conclusion, puisqu'il invoquait la propriété des lentilles divergentes qui permettent de voir les objets sous un angle *plus petit*, était d'aller jusqu'au bout et de tracer l'image virtuelle que fournissait *cette lentille* placée devant l'œil, comme nous le faisons par la figure suivante, avec un œil susceptible de grands efforts d'accommodation

Mais cette image virtuelle immédiatement placée sous l'œil et qui était celle de l'objectif, rentrait si peu dans la théorie enseignée, que le D Czapski semble avoir reculé à la tracer et que tout ce qu'il put faire dans

son Traité où il donne la figure 3, *qui est la base même de notre théorie nouvelle de la lunette de Galilée*, fut de ne pas reproduire la figure classique donnée par Violle, sans avoir osé cependant proclamer qu'elle était fausse, comme il l'a fait depuis l'apparition de notre introduction.

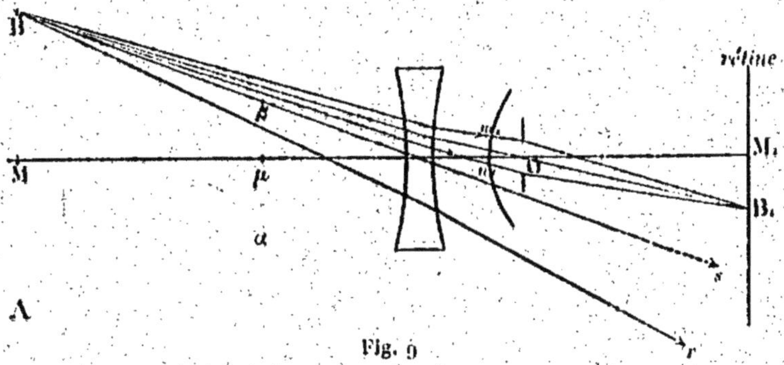

Fig. 9

Lorsque comme dans la figure du Dr Czapski, des rayons $S_1O'$ qui devaient aller converger en $O'$, sont après leur passage à travers l'objectif dirigés vers K, où se trouve l'œil de l'observateur regardant à travers un diaphragme E, il y a *grossissement* de l'objet éloigné qui au lieu d'être vu sous l'angle $S_2KM$ est vu sous l'angle $S_1KM$.

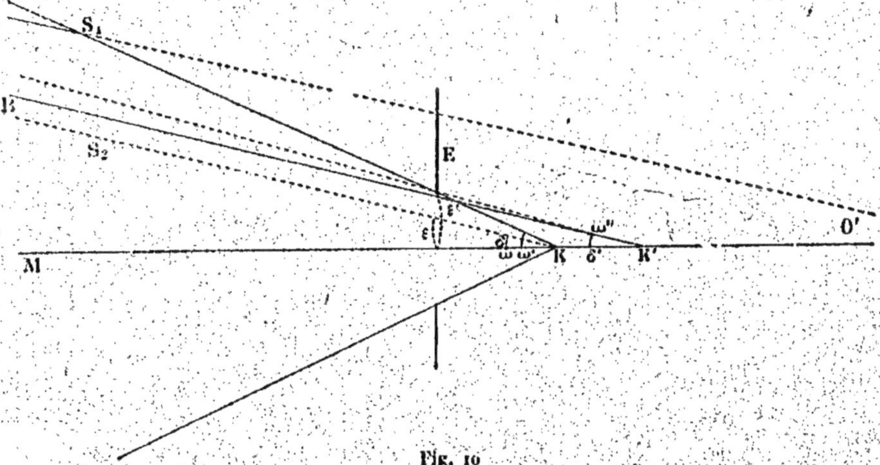

Fig. 10

Le grossissement est le rapport $\frac{\varepsilon'}{\varepsilon}$. Or $\varepsilon' = \delta \tang \omega'$, $\varepsilon = \delta \tang \omega$. Donc on a

$$G = \frac{\tang \omega'}{\tang \omega}$$

et ce grossissement est *indépendant de la vision distincte*, la vision pouvant être trouble et elle l'est comme nous allons l'expliquer, ce qui n'empêche pas de constater le grossissement. Que par suite de l'interposition d'une lentille divergente l'œil soit obligé de se placer en K', le grossissement deviendra

$$G' = \frac{\text{tang } \omega'}{\text{tang } \omega}$$

et ce grossissement sera *moindre* que s'il n'y avait pas eu de lentille divergente. Ceci est conforme aux propriétés de ces lentilles. Si $\delta$ est lié à $\delta$ par les formules ordinaires des lentilles divergentes, on voit comment l'on calculera le grossissement pour une position *arbitraire* de l'observateur, c'est-à-dire sans s'inquiéter tout d'abord de savoir si la vision sera nette.

Dans ce calcul du grossissement conforme à la figure du D' Czapski, les choses se passent comme si l'objet que l'on voit, était toujours en BM, les lentilles n'ayant produit que des déviations des rayons incidents. Le problème n'était donc pas résolu.

Il restait à faire voir comme nous le montre notre figure 9, si l'objet AB était ramené en αβ, *sous l'œil* de l'observateur, à la distance que l'on obtient par la propriété des lentilles divergentes, quand un objectif convergent est intercalé entre l'objet et la lentille biconcave.

L'image virtuelle αβ de la lentille divergente très forte dans la lunette de Galilée n'étant jamais à la vision distincte de l'œil, la seule dont on n'avait jamais parlé, des observateurs placés tout contre l'oculaire, il faudra, pour terminer, trouver l'explication de ce fait d'une vision nette qui n'a jamais été tentée. Car comme nous l'avons indiqué, dans les constructions de Daguin et de Violle, leur image virtuelle n'était pas à la vision distincte habituelle d'un presbyte qui cependant voyait nettement. Et elle l'est encore moins dans notre construction. Tout s'expliquait comme nous l'avons vu dans notre introduction en montrant qu'il ne se formait pas d'image virtuelle de l'objet visé.

En résumé on voit que cette théorie de la lunette de Galilée ne ressemble en quoi que ce soit à celle donnée jusqu'ici.

On fait intervenir les propriétés bien connues des lentilles convergentes et divergentes pour un observateur qui regarde à travers ces lentilles. Alors que dans l'ancienne théorie l'objectif était purement et simplement une lentille de projection, dans notre théorie tout en formant une image optique elle remplit par rapport à l'œil placé sur le trajet des rayons allant former cette image, le rôle d'un verre grossissant. L'oculaire *tout en diminuant le grossissement de la première lentille* par déviation des rayons, ne donne jamais une image virtuelle de l'objet qui est vu comme dans la figure 3 du Dr Czapski.

Dans l'ancienne théorie on avait fait jouer à l'oculaire (lentille divergente), le rôle d'une loupe! et la position de l'image virtuelle restait indéterminée, les anciens l'ayant placée à la vision distincte à l'œil nu, les modernes entre l'oculaire et l'objectif, c'est-à-dire à une distance qui n'était ni celle de la vision distincte à l'œil nu, ni celle qui convenait aux images virtuelles des lentilles divergentes.

Dans la figure du Dr Czapski l'objectif joue le rôle de verre grossissant, puisque les objets sont vus sous un angle plus grand. Il s'agit de nous rendre compte de la vision dans ces conditions et de calculer le grossissement que l'on obtiendrait. Donnons d'abord la théorie de la vision à travers une lentille convergente, *sans nous occuper de la netteté*, et en négligeant d'abord la réfraction de l'œil.

### Lentilles convergentes.

La vision d'un *point* lumineux se déterminera en prenant pour base l'ouverture pupillaire et pour sommet ce point. Il y aura une distinction fondamentale entre une image de vision et une image de projection à travers une lentille, comme le montre la figure ci-contre (*fig.* 11).

L'image de *projection* d'un point B sera formée en β par *l'ensemble de tous les rayons divergents* que la lentille entière peut faire converger. L'image β' de *vision* (en négligeant ici la légère réfraction de l'œil) ne sera formée que par un *très mince faisceau* de rayons divergents, faisceau d'autant plus mince que la pupille sera plus contractée. Si bien qu'aucun des rayons B$m$, BC, B$a$ ne peut intervenir pour donner la vision d'un point B.

Si celui-ci est très éloigné et la pupille suffisamment contractée, on voit que le cône B$m'n'$ peut être représenté par une droite, étant bien entendu que l'œil pour voir se trouve placé après réfraction sur le rayon qui peut passer et par le trou pupillaire et par l'image optique du point B. On voit que l'on tient compte ainsi de la divergence des rayons formant le cône très dilué B$m'n'$. Comme la figure le montre on peut déjà formuler cette loi qui est la condamnation de la figure 1 des auteurs :

Lorsque l'œil est situé entre une lentille convergente et l'image optique d'un objet les points situés *au-dessus* de l'axe principal ne sont vus que par des faisceaux dilués situés *au-dessus* du centre optique de la lentille. On a donc une image rétinienne de l'objet droite, agrandie et confuse βOμ $>$ β'Oμ' $=$ BOM. On peut diminuer considérablement les cercles de de diffusion en β' si l'on a soin de diminuer l'ouverture pupillaire, ou de regarder à travers un petit diaphragme placé contre l'œil et alors on voit très nettement. C'est la vision nette, sans accommodation.

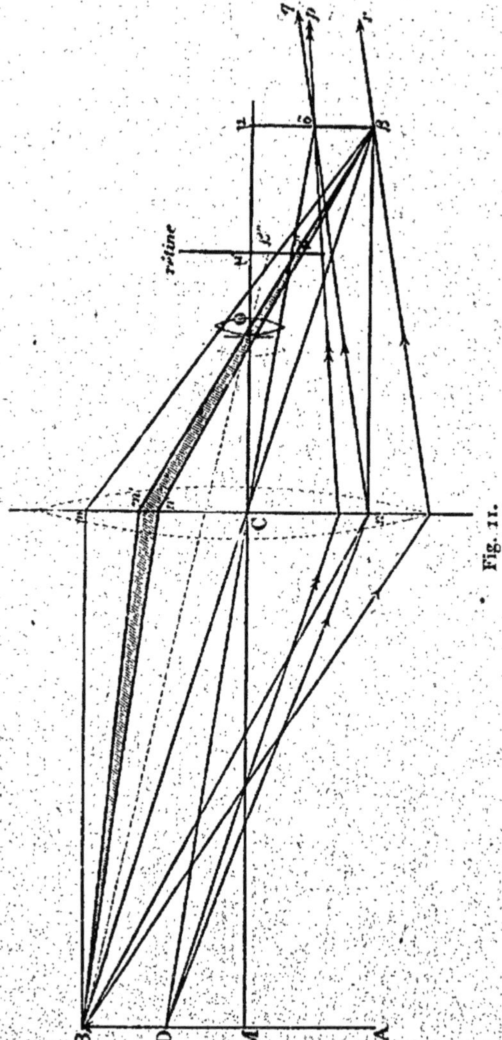


Si l'œil est placé au delà de l'image optique, il ne sera impressionné pour les points au-dessus de l'axe principal que par les faisceaux passant *au-dessous* du centre optique. Les images seront donc vues renversées.

Si l'œil est sur l'axe et que les rayons dans la direction de $r$ (*fig.* 11) puissent passer par le trou pupillaire, alors on verra l'image optique totale. Mais

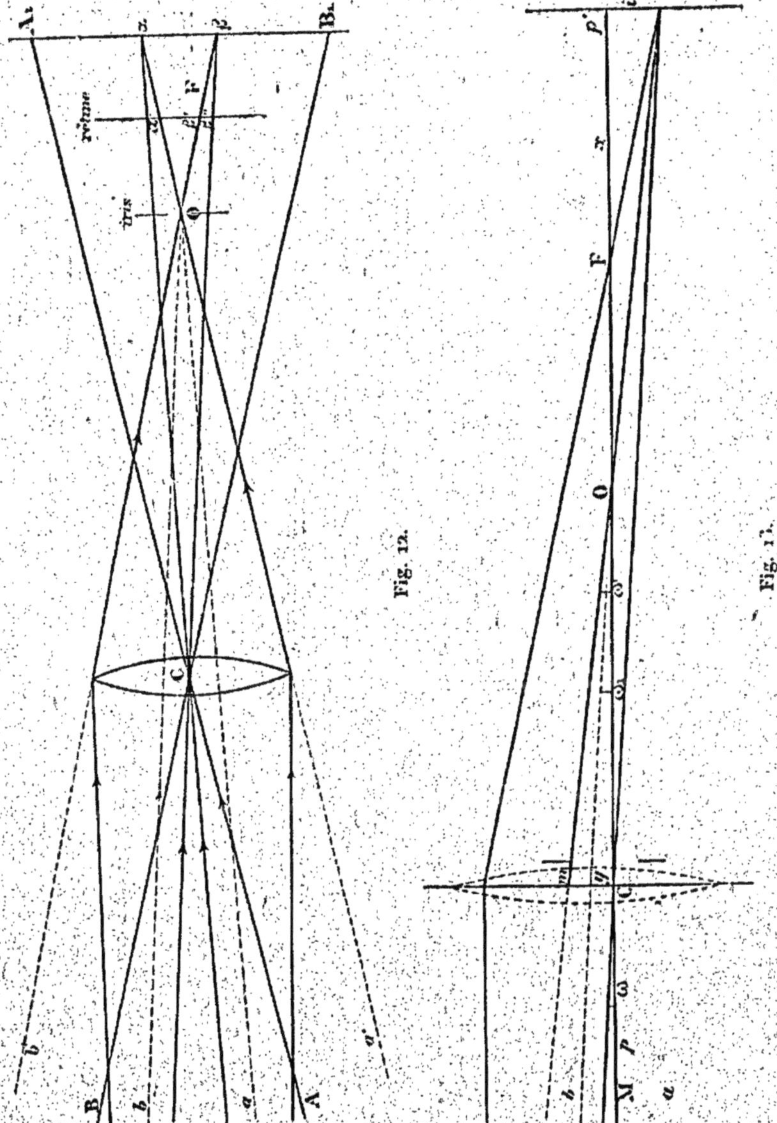



dans la direction de $p$ ou $q$ on ne verrait qu'une *fraction* $\mu\delta$ de l'image optique, fraction qui peut être très petite.

Il est donc inexact d'enseigner qu'en se plaçant à la vision distincte de l'image optique on doit nécessairement voir celle-ci entièrement.

C'est ainsi que dans l'examen du fond de l'œil, Helmholtz après avoir enseigné qu'en se plaçant à la vision distincte de l'image que fournit le cristallin, on pouvait voir sans lentille le fond de l'œil très agrandi, est bien obligé d'avouer que, finalement, on ne voit rien du tout.

S'il avait su, comme nous le montrons pour la première fois, qu'on ne voyait qu'une fraction très petite de l'objet visé, il n'aurait pas été étonné que quand l'objet était déjà très petit, on ne voyait plus qu'un point en se plaçant à la vision distincte de l'image optique agrandie du fond de l'œil.

Sans nous inquiéter du fait que la vision sera trouble quand l'œil sera en avant de l'image de projection calculons le grossissement et la fraction de l'image de projection que l'on verra puisque nous avons vérifié que l'on ne voyait qu'une fraction de l'image optique.

Si A,B, est l'image optique de l'objet AB (*fig.* 12), l'œil placé en O sur le trajet des rayons venus de la fraction *ab* de l'objet et dont l'image optique est en αβ ne peut recevoir, comme on s'en rend compte, qu'une fraction des rayons venus de l'objet, puisque les rayons AC, BC, ne pourraient pénétrer dans l'œil. Le diamètre apparent sans objectif de la fraction vue étant *ab*, on remarque que l'interposition de la lentille permettra de voir cette fraction sous l'angle $\alpha'O\beta' = b'Oa' > aOb$. La vision est trouble, sans diaphragme, parce que la rétine étant en avant de l'image optique le faisceau lumineux venu de *b* s'étale en β'β" par exemple.

Le grossissement dû à la première lentille, donnant son image optique en $p'$ (*fig.* 13) à une distance $x$ du foyer principal F conformément à la relation

$$\frac{1}{p} + \frac{1}{F+x} = \frac{1}{F}$$

se calculera facilement pour les différentes positions de l'œil O placé à une distance $z$ de cette lentille.

La moitié de la partie que l'on voit qui, avant l'interposition de la lentille, aurait été vue sous l'angle $\omega_1$, le sera après sous l'angle $mOC = \omega'$.

Le grossissement sera le rapport des deux diamètres apparents vus sous les angles $2\omega'$ et $2\omega$ en négligeant la distance $z$ par rapport à $p$.

On aura par suite comme première approximation

$$(F + x)\,\text{tang}\,\omega = (F + x - z)\,\text{tang}\,\omega',$$

d'où pour le grossissement

$$\frac{\text{tang}\,\omega'}{\text{tang}\,\omega} = \frac{F + x}{F + x - z}.$$

Si l'on ne voulait pas négliger $z$ par rapport à $p$ le véritable grossissement G aurait été $\dfrac{\text{tang } \omega'}{\text{tang } \omega_1}$ et comme $(p + z)\,\text{tang } \omega_1 = p\,\text{tang } \omega$, on aurait eu

$$(3) \qquad G = \frac{F + \omega}{F + \omega - z}\left(1 + \frac{z}{p}\right).$$

Cette formule nous montre donc, ce que l'on vérifie facilement et ce que tout le monde sait, que l'œil placé tout contre, $z = 0$, une lentille plan convexe, voit les objets comme si la lentille n'existait pas, l'œil ne recevant alors que les rayons passant par le centre optique. Que le grossissement a lieu au fur et à mesure que l'œil s'écarte de la lentille, les objets étant vus *droits* et *agrandis*, et que pour $z = F + \omega$, le grossissement devient infini. La vision est trouble comme nous l'avons expliqué (*fig.* 11) dans ces expériences, mais elle aurait été très nette si l'œil avait été armé d'un œilleton qui aurait supprimé les cercles de diffusion. La lentille ne joue pas le rôle de loupe quoique grossissant les objets parce que $p$ est plus grand que la distance focale principale de la lentille. Il est extraordinaire que dans les traités d'Optique on ne se soit jamais arrêté à ce grossissement des lentilles convergentes qui doit jouer un si grand rôle, comme nous allons le voir, dans le grossissement de la lunette de Galilée.

Reste un point très important à étudier et qui montrera bien le rôle de la première lentille dans cette lunette. La détermination de la *fraction* de l'objet que l'on verra grossie.

L'expérience est très nette, l'œil collé tout contre la lentille voit l'objet AB = J, tout entier et non agrandi. Au fur et à mesure qu'il s'écarte du centre optique de la lentille, le grossissement s'observe, en même temps que l'on voit diminuer la fraction visible. Cette fraction $j$ est limitée par le diaphragme que forme l'anneau de la lentille. Si l'on en nomme $y$ la demi-ouverture on aura (*fig.* 13) :

$$y = z\,\text{tang } \omega' \qquad j = 2(p + z)\,\text{tang } \omega_1 \qquad \text{d'où} \qquad j = y\,\frac{2(p + z)}{z}\,\frac{\text{tang } \omega_1}{\text{tang } \omega'}.$$

Le grossissement étant comme nous l'avons vu

$$G = \frac{\text{tang } \omega'}{\text{tang } \omega_1} = \frac{F + \omega}{F + \omega - z}\left(1 + \frac{z}{p}\right),$$

il viendra

$$j = y\,\frac{2p}{z}\,\frac{F + \omega - z}{F + \omega}.$$

D'un autre côté l'œil étant toujours à la même distance $z$ de la lentille, le même diaphragme, sans lentille, aurait limité le champ visuel à $ab$ : savoir

$$J = \frac{2y}{z}(z + p),$$

on aurait donc eu

$$j = J\,\frac{p}{z+p}\cdot\frac{F + \omega - z}{F + \omega},$$

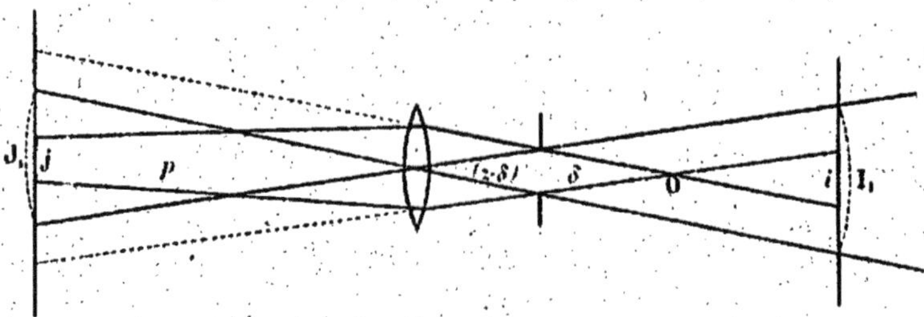

Fig. 14.

Si le diaphragme est à une certaine distance de la lentille et de moindre dimension que son ouverture comme dans les lunettes, en nommant $\delta$ la distance de l'œil à ce diaphragme, on aurait pour la dimension de l'objet vu sans lentille (*fig.* 14).

$$J = \frac{2y}{\delta}(z + p),$$

et avec la lentille

$$j = \frac{2yp}{\delta}\,\frac{F + \omega - z}{F + \omega},$$

Pour $z = F + \omega$, on aurait

$$J = \frac{y}{\delta}(F + \omega + p) \qquad \text{et} \qquad j = \text{zéro}.$$

Si l'on nomme $J_1$ la fraction de la dimension d'un objet de grandeur indéfinie placé devant l'objectif et susceptible de donner une image optique limitée par le diaphragme d'ouverture $2y$ à une distance $z - \delta$ de la lentille, on aura

$$\frac{z - \delta}{2y} = \frac{p}{J_1} \qquad \text{d'où} \qquad J_1 = \frac{2yp}{z - \delta} \qquad \text{et} \qquad I_1 = \frac{p'}{p}\,J_1 = \frac{2yp'}{z - \delta},$$

Au contraire l'œil placé en O aurait vu sans lentille une partie du champ visuel

$$J = \frac{2y}{\delta}(z + p),$$

et avec la lentille

$$j = \frac{2yp}{\delta} \frac{F + \omega - z}{F + \omega} \quad \text{et} \quad i = \frac{p' - z}{\delta} 2y = \frac{2yp'}{\delta} \frac{F + \omega - z}{F + \omega}.$$

Il en résulte donc que la relation qui existe entre la grandeur de l'image de projection $J$, et celle de l'image de vision $i$ n'est nullement l'égalité, mais que l'on a

$$(4) \qquad i = J_1 \frac{z - \delta}{\delta} \frac{F + \omega - z}{F + \omega},$$

et que la fraction de l'image optique qui pénètre dans l'œil est d'autant plus petite qu'on se rapproche davantage de cette image. Il était donc inexact d'enseigner, comme les auteurs le supposaient dans leur figure 1, que celle-ci pouvait être celle que l'on verrait. La relation (4) nous permet de comprendre l'expérience que nous avons citée (page 15) pour prouver l'inexactitude de l'hypothèse primordiale des auteurs. On déterminerait de même la grandeur de l'image de vision quand l'œil est au delà de l'image optique.

### Lentilles divergentes

Après avoir étudié la vision à travers une lentille convergente quand l'œil est en deçà de l'image optique, étudions de même les lentilles biconcaves.

Plaçons donc devant l'œil une lentille biconcave ; celle-ci ne saurait jouer d'autre rôle, avoir d'autres propriétés que celle bien connue des myopes et que rappelait la figure 3 du D$^r$ S. Czapski. Or, il est incroyable que dans la théorie actuelle de la lunette de Galilée on ait attribué à cette lentille pour des images virtuelles le même rôle qu'elle possède dans le microscope solaire où elle sert à agrandir davantage des images de *projection*.

Le rôle de la lentille convave qui intervient dans la lunette de Galilée sera nettement déterminé si nous montrons comment un œil de myope ou de presbyte placé devant une telle lentille voit l'objectif.

Pour les lentilles convexes, nous avons déjà indiqué qu'un œil quelconque placé entre la lentille et l'image optique ne voit à travers un diaphragme qu'une *fraction* de l'objet qu'il verrait à travers le même diaphragme sans lentille, précisément parce qu'elle grossit.

Pour les lentilles concaves, nous allons montrer que c'est le contraire, et qu'à travers un diaphragme E, l'œil armé d'une lentille concave a un champ visuel plus étendu que sans lentille parce que ces dernières rapetissant toujours les objets, permettent d'en voir plus dans le même champ visuel limité par le diaphragme. La conséquence de cette remarque sera une nouvelle preuve de l'erreur commise dans la théorie actuelle de la lunette de Galilée. On admettait en effet que la lentille concave grossissait l'image optique de projection, ce qui, naturellement, devrait amener l'observateur regardant derrière cette lentille, à voir moins d'objets dans le même champ visuel, ce qui est *exactement le contraire*.

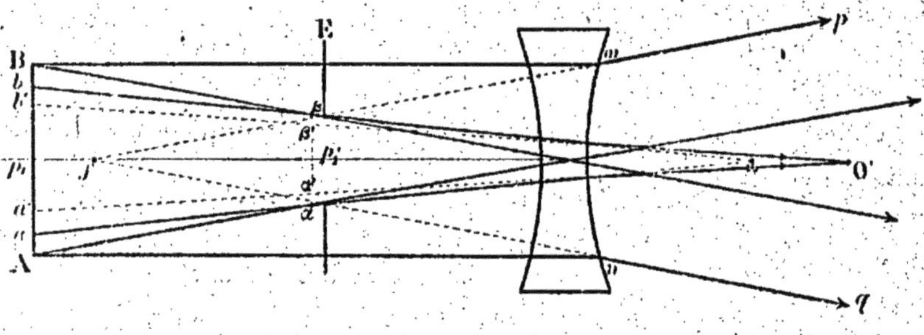

Fig. 15

La figure 15 montre de suite la propriété des lentilles concaves pour les rayons visuels. Si *ab* est un objet dont les rayons convergents viendraient aboutir en $\varpi$, et après réfraction en O', $\varpi$ et O' étant liés par la relation connue des faisceaux convergents sur une lentille concave

$$\frac{1}{\varpi} - \frac{1}{z'} = \frac{1}{f}.$$

Si les rayons convergents ont été pris tels que réfractés, ils peuvent être en même temps tangents aux bords du diaphragme E, nous allons montrer que $\alpha'\beta'$ situé à une distance $p'_1$ lié à $p_1$ par la relation

$$\frac{1}{p'_1} - \frac{1}{p_1} = \frac{1}{f}.$$

sera l'image virtuelle de *ab*.

Pour cela, prolongeons $\alpha'$, $\beta'$, jusqu'à $\alpha$ et $\beta$ sur les droites $a\varpi$, $b\varpi$. Des points $\alpha$, $\beta$, nous traçons les droites $f\alpha m$, $f\beta n$ de manière à retrouver l'objet AB qui aurait donné cette image virtuelle $\alpha$, $\beta$.

Cela posé, nous allons montrer que $\dfrac{\alpha'\beta'}{\alpha\beta} = \dfrac{ab}{AB}$; par conséquent que $\alpha'$ est l'image virtuelle de $a$ et $\beta'$ de $b$.

Autrement dit qu'en menant de $a$ et $b$ des droites parallèles à l'axe, en joignant $f$ aux point d'émergence les droites passeraient par $\alpha'$ $\beta'$.

Il est facile de voir que l'on a, la lentille étant très mince :

$$\frac{AB}{\alpha\beta} = \frac{p_1}{p'_1}, \qquad \frac{\varpi + p'_1}{\alpha\beta} = \frac{\varpi + p_1}{ab},$$

d'où

$$ab = AB \, \frac{p'}{p} \, \frac{\varpi + p_1}{\varpi + p'_1}.$$

On a encore, en nommant $2y$ l'ouverture sur la lentille correspondant à celle du diaphragme placé en E à la vision distincte où s'observe l'image virtuelle,

$$\frac{\varpi}{2y} = \frac{\varpi + p'_1}{\alpha\beta}, \qquad \frac{z'}{2y} = \frac{z' + p'_1}{\alpha'\beta'},$$

d'où

$$\alpha'\beta' = \alpha\beta \, \frac{\varpi}{z'} \, \frac{z' + p'_1}{\varpi + p'_1}.$$

Or,

$$\frac{p'_1}{p_1} = \frac{f - p'_1}{f} \qquad \text{d'où} \qquad p' = p'_1 \, \frac{f}{f - p'_1},$$

$$\varpi = z' \, \frac{f}{z' + f} \qquad \text{d'où} \qquad p_1 + \varpi = \frac{z' + p'_1}{z' + f} \, \frac{f^2}{f - p'_1};$$

Par suite

$$ab = AB \, \frac{f}{\varpi + p'_1} \cdot \frac{z' + p'_1}{z' + f};$$

d'un autre côté $\dfrac{\varpi}{z'} = \dfrac{f}{z' + f}$

d'où

$$\alpha'\beta' = \alpha\beta \, \frac{f}{z' + f} \, \frac{z' + p'_1}{\varpi + p'_1},$$

on a donc

$$\frac{\alpha'\beta'}{\alpha\beta} = \frac{ab}{AB}, \qquad \text{d'où} \qquad \frac{\alpha'\beta'}{ab} = \frac{\alpha\beta}{AB} = \frac{p'_1}{p_1}.$$

Ainsi $\alpha'\beta'$ est bien l'image virtuelle que l'œil fixe suivant les droites $\alpha z'$, $\beta z'$ de l'objet $ab$, droites tangentes aux bords du diaphragme. Si l'on supprime la lentille, l'objet visé est donc $a'b' < ab$. Donc la lentille concave augmente le champ visuel. On peut le vérifier facilement. Nous avons ici une expérience inverse de celle que l'on avait faite en intercalant en avant du diaphragme une lentille convergente, avec cette seule différence que la position de l'œil est quelconque.

Il est facile de calculer le rapport $\dfrac{a'b'}{ab}$ entre les deux champs visuels. En effet

$$a'b' = \alpha'\beta'\,\frac{z' + p_1}{z' + p'_1},$$

et en mettant pour $\alpha'\beta'$ sa valeur,

$$a'b' = ab\,\frac{p'_1}{p_1}\,\frac{z' + p_1}{z' + p'_1}.$$

Or, $a'b'$ étant vu sous le même angle que $\alpha'\beta'$, image virtuelle de $ab$, il en résulte que l'action de la lentille concave est de rétrécir la longueur $ab$ dans l'espace $a'b'$. Si par exemple $ab$ était une longueur de 50 centimètres, $a'b'$ de 25 centimètres, on en conclurait que l'action de la lentille a été de diminuer de moitié la grandeur apparente des objets. La diminution $D$ de grandeur apparente sera donc donnée par la formule

$$D = \frac{a'b'}{ab} = \frac{p'_1}{p_1}\,\frac{z' + p_1}{z' + p'_1},$$

avec la relation, si l'on s'était placé à la vision distincte $\Delta$,

$$z' + p'_1 = \Delta.$$

Quand $p$ est suffisamment éloigné pour que $z'$ soit négligeable par rapport à $p_1$ la formule ci-dessus devient, $x$ étant la distance de l'image optique à $f$ :

$$(5) \qquad D = \frac{p'_1}{z' + p'_1} = \frac{f - x'}{z' + f - x'} = \frac{f - x'}{\Delta}.$$

Enfin, si $p_1$ est très éloigné par suite $x'$ sensiblement nul, on a

$$D = \frac{f}{z' + f} = \frac{f}{\Delta}.$$

On voit donc qu'un myope ($\Delta_m$) et un presbyte ($\Delta_p$) apprécieront d'une manière totalement différente ($\Delta_m < \Delta_p$) le pouvoir d'une lentille concave, chacun d'eux se plaçant de manière à voir nettement, $z'$ différent, l'image virtuelle d'un objet éloigné.

La formule (5) est celle que nous adopterons pour la lentille concave dans la lunette de Galilée, $z'$ étant négligeable par rapport à $p_1$, qui devient le centre optique de l'objectif, et $\Delta$ la distance de l'observateur à l'image virtuelle due à la lentille divergente, distance variable avec le tirage, d'un observateur à un autre, mais en réalité en faible proportion. Cette distance $\Delta$ diffère totalement de la vision distincte à l'œil nu, dans la lunette de Galilée, attendu que l'image virtuelle est celle de l'objectif, comme nous le verrons, et non plus celle de l'objet visé. Cette distance est de l'ordre de grandeur de $f - \omega'$, quand l'observateur est tout contre l'oculaire.

Dans la figure précédente, nous avions, comme on a l'habitude de le faire dans les ouvrages, pris un objet dont les dimensions sont celles de l'oculaire, mais il convient, ce qui est la réalité, de supposer que l'on est en présence d'un objet infiniment grand et éloigné par rapport aux dimensions de l'oculaire, c'est-à-dire faisant son image *au foyer principal* de la lentille en F. On voit que si le diamètre apparent d'un objet BM infiniment éloigné n'est pas nul pour l'observateur placée en K' et regardant à l'œil nu (*fig*. 16).

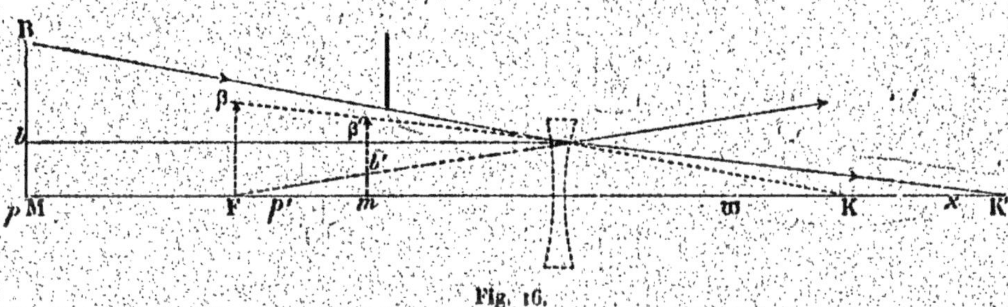

Fig. 16.

l'image virtuelle sera vue sous un diamètre apparent *du même ordre de grandeur* en K'.

Dans les ouvrages élémentaires, on a la mauvaise habitude de ne jamais figurer les rayons visuels et les objets sont toujours pris de même dimension que l'oculaire. De sorte qu'un objet placé à une distance $p$, faisant son image virtuelle en $p'$ donné par la relation

$$\frac{1}{p'} - \frac{1}{p} = \frac{1}{f}$$

on représente l'image par $b'm$, négligeant d'indiquer que $\beta'm$ serait la dimension de l'image si l'objet avait la dimension BM au lieu de $bm$. De

plus, ne raisonnant toujours que sur un objet $bM$, quand $p = \infty$, $p' = f$ et
la figure montre que $b'm$ prend les dimensions d'un point en F. Alors que
si, au fur et à mesure que l'objet est vu plus éloigné, ses dimensions aug-
mentent de manière que l'angle apparent BK'M reste constant, autrement
dit, si l'objet infiniment éloigné a un diamètre apparent comme le Soleil
ou les planètes, son image virtuelle a la dimension $\beta$F *rigoureusement
au foyer principal de l'oculaire*. La diminution du diamètre apparent
est alors donnée par la formule

$$D = \frac{f}{\Delta}$$

ayant $\Delta = f + z$, $z$ étant la distance à laquelle l'observateur s'est placé
pour voir nettement l'image virtuelle $\beta$F.

## II. — Théorie complète en tenant compte de la réfraction de l'œil

### I. — DE LA VISION DISTINCTE A TRAVERS UNE LENTILLE DIVERGENTE

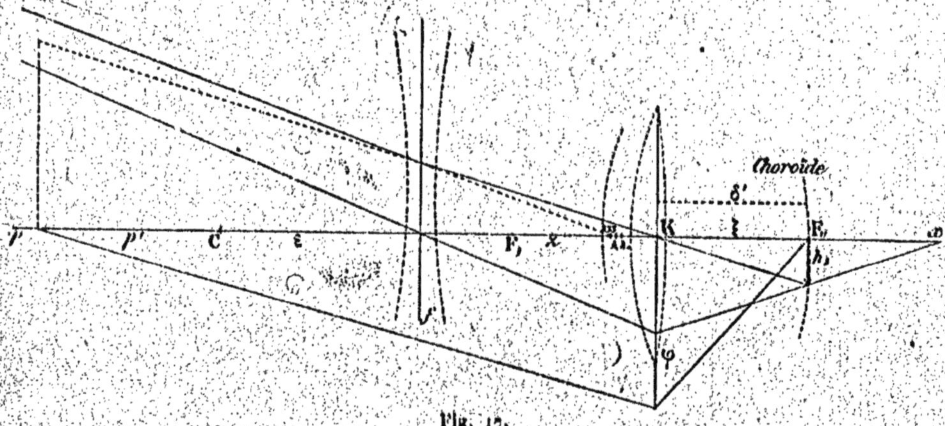


Fig. 17.

La question de la vision distincte à travers les lentilles divergentes est
fondamentale dans la lunette de Galilée, puisque c'est la lentille biconcave intercalée entre l'œil de l'observateur et l'objectif qui rend nette l'image
grossie.

Comme d'un autre côté les anciens reportaient l'image virtuelle à la vision distincte *à l'œil nu*, il importe donc de montrer l'erreur qu'ils *commettaient* et que l'on avait reconnue, puisque l'on trouvait que les images virtuelles ainsi construites étaient 4 fois trop grandes. Il convient donc de revenir sur la vision distincte à travers les lentilles divergentes.

Lorsqu'un myope dont la vision distincte minima à l'œil nu, est de 15 centimètres, celle de la lecture, fait usage de verres divergents, il désire ainsi reporter sa vision distincte minima à une distance qui, pour la lecture, ne soit pas ridicule comme celle de 15 centimètres. C'est ainsi qu'avec un verre biconcave n° 13 qui correspond à 3 dioptries, nous avons notre vision distincte minima reportée de 15 centimètres à 23 centimètres, celle de la vision normale minima. D'après la relation

$$N_D \times f = 100^c,$$

la distance focale principale de ce verre était de $\dfrac{100^c}{3} = 33^c,33$. La vision distincte minima, celle où l'on devait placer l'objet pour le voir nettement à travers la lentille étant de 23 centimètres, savoir $p + \varepsilon = 23^c$, il était facile de calculer la position $p'$ de l'image virtuelle visée à travers la lentille par la formule habituelle

$$\frac{1}{p'+\varepsilon} - \frac{1}{23} = \frac{1}{33} \qquad \text{d'où} \qquad p' + \varepsilon = 13^c,55.$$

Si l'on remarque que la distance de l'œil au verre est facilement de $1^c,5$, on retrouve donc la vision distincte minima *à l'œil nu* que nous avions rigoureusement déterminée de la façon suivante.

Il suffit de tracer dans une carte avec un canif deux traits parallèles et de regarder la lumière qui filtre à travers ces deux traits.

Fig. 18.

Lorsque l'on est exactement à la vision distincte minima, la lumière qui filtre à travers les traits donne l'apparence de *a*, qui passe à l'apparence *b* traits élargis empiétant les uns sur les autres quand on rapproche la carte en deçà de la vision distincte.

Fig. 19.

Ce procédé est tellement sensible qu'il permet de reconnaître l'astygmatisme de l'œil. La distance pour laquelle le trait vertical est net (*fig.* 19) donne pour le trait horizontal une apparence étalée.

Ainsi l'on a enseigné avec raison que lorsque l'on voyait nettement un objet à travers une lentille divergente son image virtuelle était à la vision distincte à l'œil nu (*fig.* 71). Si les efforts d'accommodation sont restreints, on trouve que pour voir nettement un objet à 3 mètres, c'est-à-dire aussi nettement qu'à la vision distincte minima, on aurait

$$N_D = 100 \left( \frac{1}{13,55} - \frac{1}{300} \right) = 7,0.$$

Ainsi le numéro du verre devrait être porté de 13ᵖ à 5ᵖ ¹/₂ qui correspond pareillement à 7,0 dioptries. Il faut donc des verres de plus en plus forts à mesure qu'on cesse de regarder des objets placés au-delà de la distance de la lecture.

Un myope qui voudrait voir un objet très éloigné $p = \infty$, et de manière que son image virtuelle fût à sa vision distincte $p' + \epsilon = 13,5$ devrait employer un verre $N_D = \dfrac{100}{13,5} = 7,4.$

Cela posé, prenons un verre biconcave très fort, celui même d'une jumelle de théâtre. Au sphéromètre on mesure 21,5 dioptries, ce qui correspond à une distance focale $\dfrac{100^c}{21,5} = 4^c,6$. Si l'on regarde à travers cette lentille un objet à 83 mètres, pour le voir nettement, il faut que l'œil se recule de l'oculaire de 10 centimètres et comme la vision distincte minima était de 15 centimètres, on retrouve pour la distance focale le chiffre ci-dessus, l'image virtuelle, comme on voit, se trouvant à la distance focale principale, position conjuguée de l'infini.

Ainsi par tous ces exemples il est bien démontré, ce que l'on savait, que l'image virtuelle $(p' + \epsilon)$ obéissant à la formule

$$\frac{1}{p' + \epsilon} - \frac{1}{p + \epsilon} = \frac{1}{f'}$$

était celle que l'œil visait.

La figure 17 nous montre donc dans ces conditions la marche des rayons qui traversent la lentille divergente et viennent faire image sur la choroïde exactement comme ceux qui, venus de la vision distincte minima n'ont traversé que le cristallin, ce sont les rayons au-dessous de l'axe principal. Ici on a donc

$$(p' + \epsilon) + z = \Delta,$$

où $p'$ est fixe et déterminé et par suite $z'$ dépend de $\Delta$ et de $p' + \varepsilon$. On déterminera la grandeur $h_1$ de l'image qui se fait sur la choroïde en déterminant d'abord la distance $\omega$ de l'anneau oculaire par la relation

$$\frac{1}{z} + \frac{1}{\omega} = \frac{1}{\varphi} \qquad \text{d'où} \qquad z = \omega \, \frac{\varphi}{z - \varphi}.$$

On voit que la condition fondamentale pour qu'il puisse y avoir une image réelle $h_1$ sur la choroïde est que $z > \varphi$.

L'œil étant un milieu réfringent unique dans lequel la première distance focale principale $F_1 h_1$ est égale à $15^{m},0072$ et la seconde $F_1 h_a$ à $26^{mm},0746$ nous avons substitué à l'œil une lentille dans l'air formant deux milieux, le cristallin et l'air, dont K serait le centre optique et dont $\varphi$ serait la valeur moyenne de ces deux nombres savoir $\dfrac{37,0818}{2} = 18,5409 = \varphi$.

Donc $F_1$ étant à une distance de $12^{mm},83$ de la cornée transparente, pour que l'on ait une image réelle $x$ du centre optique de l'oculaire il faut que $F_1$ soit au-delà de ce centre. La grandeur minima de $z'$ sera donc égale à $12^{mm},83 + 8^{mm} - 6^{mm},56 = 20^{mm},27$ et, dans ces conditions $z - \varphi > 1$. C'était donc encore une erreur commise par les auteurs d'enseigner que l'œil est *tout contre* la lentille biconcave. La grandeur minima du point nodal de l'œil est de 2 *centimètres*, distance à l'oculaire dans tous les appareils d'Optique pour qu'il y ait formation d'une image sur la choroïde comme dans la vision avec accommodation. C'est-à-dire que dans une lentille divergente de $4^{c},6$ de distance focale, elle est du même ordre de grandeur.

Cela posé, supposons l'œil muni d'une lentille divergente très forte $21^{b},5$ et voyant nettement pour une distance convenable, $z = 10$ centimètres de l'oculaire, un objet situé à une distance $p$. On est donc à la vision distincte de l'image virtuelle $a''\omega'$ de l'objet (*fig.* 20).

Dès que l'on intercale une lentille convergente C entre l'objet et la lentille divergente on constate de suite ce que montre cette figure et ce que vérifie l'expérience.

Pour continuer à voir *nettement* il faut invinciblement *se rapprocher* de l'oculaire. Et si nous négligeons provisoirement la réfraction de l'œil, celui-ci devra s'approcher de telle façon que la choroïde soit en coïncidence avec l'image optique $i$ que fournit l'objectif.

Dans ces conditions on conclut : 1° Que l'on ne voit qu'*une fraction* $ap$ de Ap que l'objectif seul fournirait (*ia'* fraction de *iA'*) ;

2° Que cette fraction occupe la même surface du diaphragme $E'_1$ que $A''p$ avant l'intercalation de l'objectif et par suite que celui-ci produit le grossissement ;

3° Que l'image est vue droite avant et après qu'on a intercalé l'objectif;

4° Que la choroïde placée en *i* n'est pas à la vision distincte de l'image virtuelle de l'objet *a'x'* et cependant que l'on voit nettement cet objet;

5° Que du reste il n'existe plus qu'une image virtuelle de *l'objectif C*, placée en *C'*.

En résumé pour voir nettement il a été indispensable que la lentille fût assez forte pour que l'image optique fournie par l'objectif fût en-deçà de position de l'œil visant l'image virtuelle fournie par l'oculaire seul.

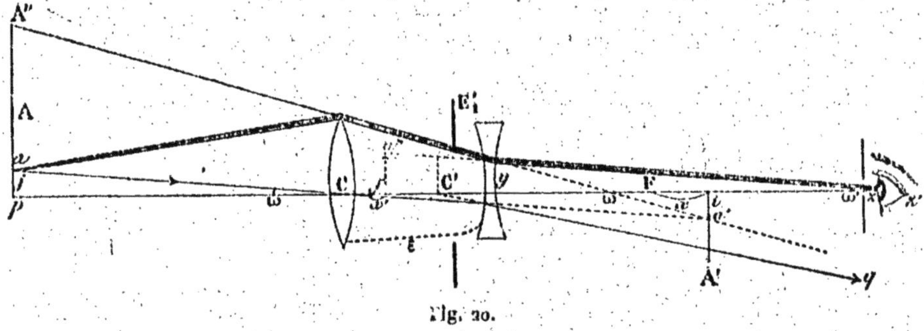

Fig. 20.

Nous formulerons ce premier théorème. 1<sup>er</sup> *théorème*. Lorsqu'un myope regarde un objet avec un verre biconcave situé à deux centimètres de son point nodal et qu'il voit cet objet très nettement, lorsqu'il intercalera une lentille convergente entre l'objet et cet oculaire biconcave, il verra l'objet agrandi et droit, mais *il n'en aura jamais une vision nette* quelle que soit l'écartement *t* des deux lentilles, parce que l'image de projection ne se forme plus sur la choroïde. Et alors nous arrivons à cette conclusion que l'on a suivie dans la pratique ; l'oculaire biconcave doit être BEAUCOUP PLUS FORT que celui dont le myope ferait usage pour voir un objet éloigné, de manière que l'œil étant tout contre et regardant directement un objet on ait une vision absolument trouble provenant de ce que l'image ne se fait plus sur la choroïde.

Cette fois, en intercalant une lentille biconvexe entre l'objet et l'oculaire, on peut ramener l'image sur la choroïde et avoir une vision nette. Telle est la clef de la vision nette dans la lunette de Galilée et sur laquelle nous allons nous étendre. Tel est le point qui n'avait jamais été indiqué et qui nous explique que myopes et presbytes voyant trouble à travers une lentille biconcave très forte placée tout contre l'œil, auront une vue nette des objets lorsque, par un tirage convenable, on ramènera l'image de *projec-*

*tion* du système exactement sur la choroïde. En même temps, nous aurons une notion nouvelle qui avait complètement échappé aux auteurs et leur fit faire toutes ces erreurs de construction de l'image virtuelle, la preuve d'une vision nette alors que l'image virtuelle est à *quelques centimètres de l'œil.*

Il est vrai, comme nous le montrerons, que cette image virtuelle n'est jamais visée, qu'elle *n'est plus celle de l'objet* quand on a intercalé la lentille convergente C. Car cette image virtuelle est celle *de l'objectif.* Donc on ne la vise pas, quand on a une vision nette de l'objet.

### II. — DE LA VISION A TRAVERS UNE LENTILLE CONVERGENTE

1er *Théorème.* — Lorsque l'on intercale une lentille convergente K munie d'un diaphragme E, entre une lentille convergente et l'image optique d'un objet qu'elle peut fournir, on ne reçoit plus au nouveau foyer conjugué qu'une fraction de l'objet visé à travers le même diaphragme.

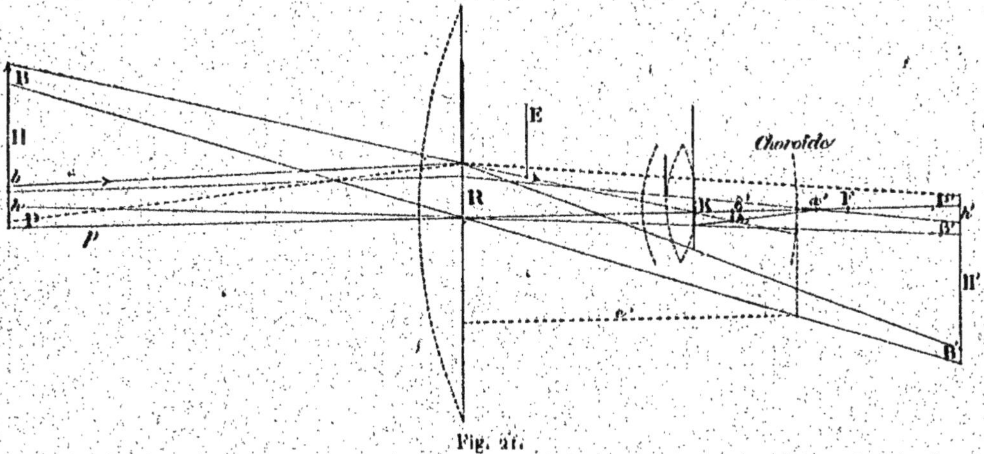

Fig. 21.

Ainsi H étant l'objet placé en P, H' son image optique en P' formée par la première lentille convergente. Si l'on intercale en K une autre lentille convergente, il se forme une image $h_1$, au foyer conjugué des deux lentilles, image d'une fraction de l'objet de grandeur $h$.

Si la lentille convergente intercalée est l'œil d'un observateur, celui-ci aura une vision trouble de $h_1$, puisque $h_1$ est en avant de la choroïde, mais il n'en pourra pas moins bien juger qu'il n'aperçoit plus qu'une fraction $h$ de II qu'il apercevait à l'œil nu à travers le diaphragme R. Et le grossissement correspondant s'exprime par le rapport $\frac{h}{\text{II}}$ qu'on peut mesurer. En outre $h$ est vu droit comme II.

Quand on place, en outre, devant l'œil et *tout contre* une lentille biconcave on a la lunette de Galilée. Le grossissement précédent est diminué comme nous le verrons par celle-ci dans le rapport de 1 à 0,95, c'est-à-dire très peu. Il en résulte donc que le grossissement de l'objectif seul représente comme première approximation celui de la lunette de Galilée. Par suite nous nous expliquons ce que nous avions observé quand nous disions :

« Prenons une jumelle de théâtre mise au point, puis dévissons l'oculaire et l'objectif tourné vers une fenêtre, déterminons en l'image optique. Il suffit de mettre un papier transparent au foyer conjugué de la fenêtre et en se plaçant à la vision distincte du papier l'image optique très nette est vue par transparence. Le diaphragme, qui est dans la lunette, limite l'image optique de la fenêtre à deux carreaux et demi. Cela posé, revissons l'oculaire et visons la fenêtre. Bien que l'œil soit beaucoup plus près du diaphragme que l'image optique, on ne perçoit plus qu'*un carreau*. Donc cette expérience, que tout le monde peut répéter, prouve l'inexactitude de l'hypothèse primitive des auteurs. L'image de projection fournie par la première lentille n'était pas celle que l'on voyait agrandie. »

Mais en outre comme notre figure permettait d'expliquer ce que l'on voyait, c'est-à-dire une fraction $h$ vue sous le même angle que II à l'œil nu, et par suite paraissant agrandie, il en résulte qu'elle permettait de donner la véritable théorie de la lunette de Galilée, si l'on arrivait en outre à expliquer la vision nette quand on intercale une lentille divergente entre l'objectif et l'œil de l'observateur.

C'est ce que nous allons faire.

2° *Théorème.* — Lorsque l'on intercale une lentille divergente entre deux lentilles convergentes, on reporte l'image conjuguée dans celles-ci à une certaine distance de sa position primitive.

Ainsi $h_1$ étant l'image de projection de l'objet, il suffit d'intercaler la lentille divergente (*fig.* 22) pour que $h_1$ soit reportée en $h_2$.

Or, si K était l'œil d'un observateur, $h_1$ était en avant de la choroïde, d'où vision trouble, en intercalant la lentille divergente à une distance convenable de l'objectif, on pourra donc amener $h_1$ à se former exactement sur la choroïde d'où vision nette.

Il nous est facile maintenant de comprendre que ici comme dans la loupe le rôle de l'oculaire est *avant tout* de ramener sur la choroïde l'image $h_1$ qui se faisait en avant de celle-ci.

Ainsi dans la loupe (¹) les lentilles biconvexes ramenaient sur la choroïde les images des objets, en deçà de la vision distincte, qui se faisaient *au-delà* de celle-ci. Les lentilles biconcaves de même ramèneront sur la choroïde les images qui se font *en avant*.

Tel est le rôle fondamental de ces lentilles. Elles n'interviennent que *secondairement* pour modifier le grossissement. En effet nous avons dit que quand l'œil est *tout contre* l'oculaire dans la lunette de Galilée, celui-ci diminue de 0,05 le grossissement dû à l'objectif seul.

La figure suivante montre que le fait d'intercaler une lentille divergente entre deux lentilles convergentes suffit à éloigner du centre optique de la dernière, l'image $h_1$ de projection. On conçoit dans ces conditions que cette image puisse être ainsi amenée à se projeter à une distance déterminée qui sera la choroïde. Nous supposons qu'en même temps que l'on intercale la lentille biconcave, on recule un peu la lentille convergente de K en K' de manière que la direction des nouveaux rayons soit précisément celle du point nodal de l'œil.

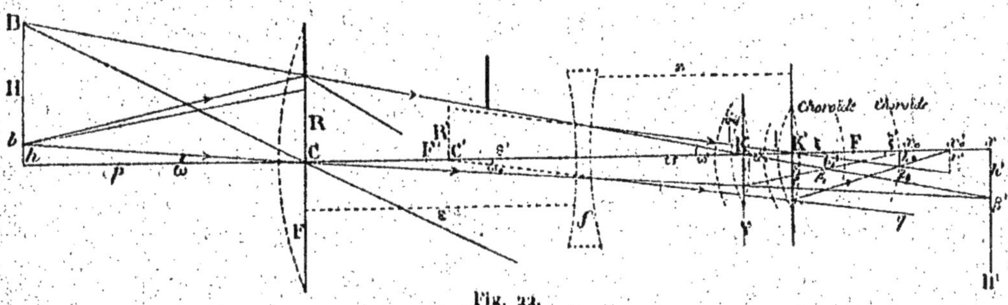

Fig. 22.

On voit que le seul fait d'intercaler une lentille divergente entre deux lentilles convergentes reporte l'image $h_1$ en $h_2$. Si donc en $h_2$ se trouve la choroïde, l'observateur verra nettement l'image $h_1$ qui était trouble. En même temps l'angle visuel en K' sera diminué, mais très peu si l'œil est tout contre la lentille divergente. En outre R' est l'image virtuelle de R et $\omega$ le foyer conjugué de C' au-delà de la choroïde de l'observateur. On voit donc très nettement l'objet $h$ et l'on ne vise nullement *l'image virtuelle de l'objectif située à quelques centimètres de l'œil.*

L'ensemble des deux théorèmes nous donne toute la théorie de la lunette de Galilée.

<hr>

(1) *Théorie nouvelle de la loupe et de ses grossissements* (Librairie scientifique A. Hermann).

Dans cette figure on voit que $x_0$ est l'anneau oculaire de l'objectif par rapport au cristallin de distance focale $\varphi$, on a donc pour la distance $x_0$ de cet anneau au point nodal.

$$x_0 = \varphi\, \frac{\varepsilon + \varpi}{\varepsilon + \varpi - \varphi} \qquad \text{déduit de} \qquad \frac{1}{\varepsilon + \varpi} + \frac{1}{x_0} = \frac{1}{\varphi}$$

D'un autre côté quand on intercale la lentille divergente, les choses se passent comme si les rayons au lieu de venir de C venaient de C', comme en même temps le point nodal s'est porté en K' pour que l'observateur vît les rayons incidents dans leur nouvelle direction, le nouvel anneau oculaire est à une distance $x'_0$ donnée par la formule ($z$ étant la distance de K à l'oculaire.)

$$x'_0 = \varphi\, \frac{\varepsilon' + z}{\varepsilon' + z - \varphi}.$$

Les relations entre $l$, $l'$ sont données par les propriétés des lentilles divergentes.

Entre $\varpi$ et $z$ on a la relation d'un faisceau de rayons convergents tombant sur une lentille biconcave de distance focale $f$

$$\frac{1}{\varpi} - \frac{1}{z} = \frac{1}{f}.$$

Entre $\varepsilon$ et $\varepsilon'$ celle d'un faisceau de rayons divergents tombant sur la même lentille

$$\frac{1}{\varepsilon'} - \frac{1}{\varepsilon} = \frac{1}{f}.$$

Pour une hauteur $h$ visée à travers l'objectif il est facile de calculer les positions et les grandeurs des images $h_1$, $h_2$ avant et après l'intercalation de la lentille biconcave et par suite le tirage qu'il faudra donner pour que l'image $h_2$ se fasse exactement sur la choroïde.

On a

$$h = p \tan \omega, \qquad R = (\varepsilon + \varpi) \tan \omega', \qquad \rho = (\varepsilon + \varpi) \tan \omega$$
$$h_1 = \xi \tan \omega'$$

$$\frac{x_0 - \xi}{h_1} = \frac{x_0}{\rho} \qquad \text{d'où} \qquad \xi = \frac{x_0 \rho}{\rho + x_0 \tan \omega'};$$

et encore

$$h_2 = \xi' \tan \omega_1$$

$$\frac{x'_0 - \xi'}{h_2} = \frac{x'_0}{\rho'} \qquad \text{d'où} \qquad \xi' = \frac{x'_0 \rho'}{\rho' + x'_0 \tan \omega_1};$$

avec les relations

$$\rho' = (\varepsilon' + z) \tang \omega_0$$
$$\varpi \tang \omega' = z \tang \omega_1, \qquad \varepsilon \tang \omega = \varepsilon' \tang \omega_0$$

d'où

$$\rho' = (\varepsilon' + z) \frac{\varepsilon}{\varepsilon'} \tang \omega'.$$

Donc la condition fondamentale de la vision nette sera que l'on ait

$$\xi' = \delta' = 15^{mm},1234$$

$\delta'$ étant la distance de la choroïde au point nodal de l'observateur.

Quand l'œil est *tout contre* la lentille divergente, la distance, comme nous l'avons vu, de la cornée transparente, est encore au moins à $12^{mm},83$ de celle-ci, par suite le point nodal est à deux centimètres *au minimum* du centre optique de l'oculaire.

On a par suite

$$z = 2^{cent}, \qquad \varpi = f \frac{2}{f + 2}.$$

quand l'œil est tout contre et en exprimant $f$ en centimètres.

L'équation de condition de la vision nette $\xi' = \delta'$ donne

$$\rho' + x'_0 \tang \omega_1 = x'_0 \frac{\rho'}{\delta'}.$$

En mettant pour $\rho'$ et $x'_0$ leurs valeurs ci-dessus, on a

$$\varphi \frac{\varepsilon' + z}{\varepsilon' + z - \varphi} \tang \omega_1 = \left[ \frac{\varphi}{\delta'} \frac{\varepsilon' + z}{\varepsilon' + z - \varphi} - 1 \right] (\varepsilon' + z) \frac{\varepsilon}{\varepsilon'} \tang \omega.$$

Si l'on remarque comme d'habitude que pour les objets suffisamment éloignés le rapport $\dfrac{\tang \omega_1}{\tang \omega}$ représente le grossissement G, que d'un autre côté d'après la relation entre $\varepsilon'$, $\varepsilon$, $f$, on a $\varepsilon' = \varepsilon \dfrac{f}{f + \varepsilon}$ d'où l'on déduit

$$(\varepsilon' + z) \frac{\varepsilon}{\varepsilon'} = \varepsilon \frac{f + z}{f} + z$$

et qu'en se plaçant dans les conditions ordinaires de l'observation *l'œil tout contre* l'oculaire ($z = 2$ cent.), auquel cas $z$ est négligeable par rapport à $\varepsilon$, la formule ci-dessus deviendra

$$\varphi \, \frac{\varepsilon' + z}{\varepsilon' + z - \varphi} \, G = \frac{(\varphi - \delta')(\varepsilon' + z) + \varphi\delta'}{\delta'(\varepsilon' + z - \varphi)} \, \varepsilon \, \frac{f + z}{f}$$

d'où

$$(F) \qquad \varphi\,(\varepsilon' + z)\, G = \left( \frac{\varphi - \delta'}{\delta'}\,(\varepsilon' + z) + \varphi \right) \varepsilon \, \frac{f + z}{f}.$$

Telle est la relation fondamentale donnant le tirage $\varepsilon$, en fonction du grossissement et de la réfraction spéciale $\varphi$ de l'œil de l'observateur.

On peut examiner en particulier le cas, sachant que pour l'œil normal

$$\varphi = 18^{mm},54 \qquad\qquad \delta' = 15^{mm},12$$

où soit par des efforts d'accommodation, soit effectivement, on aurait

$$\varphi - \delta' = 0.$$

Dans ces conditions la formule (F) deviendrait

$$(F') \qquad\qquad (\varepsilon' + z)\, G = \varepsilon \, \frac{f + z}{f}.$$

Or, raisonnons ici comme les auteurs qui avaient supposé que l'œil pouvait être considéré comme placé au centre optique de l'oculaire savoir $z = 0$, la formule (F') donne alors

$$\varepsilon' \, G = \varepsilon.$$

savoir

$$G = \frac{f + \varepsilon}{f}.$$

Or, quand on suppose comme les auteurs, que le foyer principal de l'oculaire, coïncide avec celui de l'objectif pour un observateur infiniment presbyte on obtient $f + \varepsilon = F$ et l'on retrouve la formule du grossissement des auteurs

$$G = \frac{F}{f}.$$

On voit donc toutes les hypothèses absolument inexactes qu'il faut faire pour retrouver le grossissement tel que les auteurs l'avaient donné.

Mais en outre, cette expression du grossissement quand on suppose

$f + \varepsilon = F$ est, comme notre formule générale nous l'a donné, celle de *l'objectif*, pour un observateur placé à une distance $\varepsilon$ de celui-ci et regardant un objet à l'infini. En effet, si l'objet est à une distance finie, on avait pour le grossissement de *l'objectif*

$$G = \frac{F + x}{F + x - \varepsilon},$$

qui se réduit à $\dfrac{F}{F - \varepsilon}$ si l'objet visé est à l'infini.

On voit donc que le prétendu grossissement de la lentille de Galilée était, en mettant pour $f$ la valeur supposée $F - \varepsilon$, le grossissement de *l'objectif seul*. Et comme nous verrons que quand l'œil est tout contre l'oculaire, la diminution due à celui-ci représentée par la formule $\dfrac{f - x''}{\Delta}$, où $\Delta$ est la distance de l'œil à l'image virtuelle *très près de l'oculaire*, c'est-à-dire où $\Delta$ diffère peu de $f - x''$, est voisine de 0,95, il en résulte que le grossissement mesuré dans ces conditions avec la lunette de Galilée s'écarte peu de la valeur $\dfrac{F}{f}$, ce qui a conduit les auteurs à croire à l'exactitude de tout ce qu'ils avaient enseigné. Mais il suffisait d'écarter l'œil de l'oculaire pour voir apparaître l'influence énorme du coefficient $\dfrac{f - x''}{\Delta}$, où $\Delta$ prenait des valeurs de plus en plus grandes.

En ce qui concernait la formule (F') impossible de négliger $z = 2^c$ du même ordre de grandeur que $\varepsilon' = 3^c$ pour un tirage de 9 centimètres. Et cette formule revenait à

$$(\mathrm{F'}) \qquad\qquad \varepsilon^2 - \varepsilon f(G - 1) = z \frac{f^2}{f + z} G.$$

Tel est pour un œil pour lequel on suppose $\varphi - \delta' = 0$, la relation que l'on doit satisfaire pour voir nettement un objet avec la lentille de Galilée, c'est-à-dire pour que son image se fasse sur la choroïde. Si l'on suppose qu'il soit à l'infini et comme première approximation, l'œil étant tout contre, que le grossissement de la lunette soit celui de l'objectif, savoir

$$G = \frac{F}{F - \varepsilon},$$

en substituant cette valeur dans (F''), il vient finalement

$$F - \varepsilon = f \sqrt{1 + \frac{4z^2}{(f + z)^2}}$$

Donc la relation des auteurs du calcul du grossissement $\frac{F}{f}$ s'écartait d'autant plus de la valeur réelle $\frac{F}{F-\epsilon}$ que l'oculaire était plus fort. Pour un oculaire de distance focale de 2 centimètres, le grossissement était représenté par $\frac{F}{\sqrt{2}f}$ et non par $\frac{F}{f}$, en négligeant dans les deux cas l'influence de l'oculaire comme diminuant légèrement ces grossissements. L'inexactitude de la formule des auteurs était bien démontrée. Ce n'est donc qu'avec des oculaires assez faibles pour que $\epsilon$ pût être négligé par rapport à $f$ que l'expérience a donné des grossissements semblant satisfaire à la valeur $\frac{F}{f}$.

Bien entendu, il n'y avait plus AUCUNE THÉORIE de la lunette de Galilée, quand l'œil s'écartait de l'oculaire, alors cependant qu'en modifiant le tirage on voyait nettement. Enfin quand l'observateur se plaçait *au-delà* de l'image de projection et que l'on voyait nettement cependant les objets toujours droits, plus de théorie dutout. Nous allons montrer au contraire que *dans tous les cas* le grossissement est donné par la formule générale

$$G = \frac{F + \varpi}{F + \varpi - \epsilon} \cdot \frac{f - \varpi''}{\Delta}.$$

$\Delta$ étant la distance qui sépare l'image virtuelle (de l'objectif) de l'observateur, *voyant toujours distinctement* l'objet dont l'image de projection se fait, grâce au tirage $\epsilon$, sur la choroïde. Quant à l'image virtuelle, toujours *en deçà* du foyer principal de l'oculaire, c'est-à-dire à quelques centimètres de l'oculaire ; elle est liée à l'écartement des deux lentilles par la relation $\frac{1}{f - x''} - \frac{1}{\epsilon} = \frac{1}{f}$ et non plus par $\frac{1}{f - \varpi} - \frac{1}{p} = \frac{1}{f}$ qui se vérifiait avant qu'on eût intercalé l'objectif entre l'objet visé et la lentille divergente.

En résumé, la discussion de la formule (F) que pour simplifier nous avons ramenée à (F'), nous a prouvé, que par un écart convenable $\epsilon$ des deux lentilles, on peut toujours ramener l'*image de projection d'un objet visé à travers ces deux lentilles* l'une convergente et l'autre divergente à se faire exactement sur la choroïde. Que l'image virtuelle la seule formée est en réalité celle *de l'objectif*, image *très près de l'oculaire*, à 3 centimètres pour un écart de 9 centimètres des deux lentilles, et une distance focale de $4^c,6$ ; qu'à cette image correspond toujours dans le plan de l'anneau oculaire du cristallin, une image de projection au delà de la choroïde quand le tirage permet de voir nettement l'objet visé.

Donc dans la lunette de Galilée, il *n'y a jamais eu formation d'une image virtuelle D'UN OBJET VISÉ.*

Lorsqu'on est à la vision distincte de l'objet, *on n'est jamais en même temps à la vision distincte de l'image virtuelle de l'OBJECTIF, la seule formée, et par suite celle-ci n'est jamais visée.*

On voit toutes les erreurs enseignées jusqu'ici et qui avaient amené les auteurs croyant qu'on visait l'image virtuelle de l'objet à vouloir placer celle-ci à la vision distincte minima de l'observateur.

Il nous est maintenant facile d'arriver à la formule précédente du grossissement. Le tirage donné ayant été tel que l'on vît nettement l'*objet*, l'image $h_2$ de projection (*fig.* 22) se faisait exactement sur la choroïde. D'un autre côté les droites menées par les extrémités de $h_2$ et le point nodal K' étant des lignes de direction de la vision, l'angle $\omega_1$ que sous-tend l'image virtuelle de l'*objectif* est donc un angle visuel. D'un autre côté $\omega$ est l'angle visuel sans lequel on viserait de K' l'objet si celui-ci était très éloigné. Comme dans la lunette astronomique le grossissement G est donc donné par la formule

$$G = \frac{\tan \omega_1}{\tan \omega}.$$

Mais on a identiquement

$$\frac{\tan \omega_1}{\tan \omega} = \frac{\tan \omega'}{\tan \omega} \times \frac{\tan \omega_1}{\tan \omega'}.$$

Or, comme nous l'avons vu, $\dfrac{\tan \omega'}{\tan \omega}$ est le grossissement de l'objectif seul. En représentant ici par $\iota + z$ la distance de point nodal à l'objectif qui avait été représenté par $z$ quand on n'avait été en présence que de l'objectif, le grossissement a alors pour valeur

$$\frac{\tan \omega'}{\tan \omega} = \frac{F + \varpi}{F + \varpi - (\iota + z)}$$

De même $\dfrac{\tan \omega_1}{\tan \omega'}$ représente la diminution de grandeur des objets qu'apporte la lentille divergente. Nous avons obtenu pour cette diminution

$$D = \frac{p'_1}{p_1} \frac{z + p_1}{z + p'_1}.$$

Ici $p_1$ est la distance de l'objectif à la lentille divergente, savoir $\iota$; $p'_1$ c'est $\iota'$ ou $f - \varpi$; on a donc en remarquant encore que $z + p'_1$ est la

distance du point nodal à l'image virtuelle que nous avons représentée
par $\Delta$

$$D = \frac{f - x''}{\Delta} \frac{z + \varepsilon}{\varepsilon}$$

La formule générale quand l'œil est à une distance quelconque de l'oculaire est donc

(A) $$G = \frac{F + v}{F + v - (\varepsilon + z)} \frac{f - x''}{\Delta} \frac{z + \varepsilon}{\varepsilon}.$$

Dans la lunette de Galilée proprement dite et quand l'œil est tout contre l'oculaire $z = x^c$ négligeable par rapport à $\varepsilon$, ce grossissement s'exprime par la formule

(B) $$G = \frac{F + v}{F + v - \varepsilon} \frac{f - x''}{\Delta};$$

Sachant que $f - x''$ est lié à $\varepsilon$ par la relation

$$\frac{1}{f - x''} - \frac{1}{\varepsilon} = \frac{1}{f}.$$

Si l'on supposait que l'objet fut à l'infini, la formule ci-dessus reviendrait à

$$G = \frac{F}{F - \varepsilon} \frac{f - x''}{\Delta},$$

Or, quand l'œil est tout contre, $\dfrac{f - x''}{\Delta}$ est peu éloigné de l'unité : 0,95.
Si d'un autre côté on admettait comme les auteurs, ce qui est inexact, que
ja distance $z$ du point nodal de l'œil à l'oculaire fût nulle et non au minimum égale à $x^c$, dans ces conditions, comme nous l'avons vu, la relation

$$F - \varepsilon = f \sqrt{1 + \frac{4 z^2}{(f + x)^2}},$$

donnerait $\qquad F - \varepsilon = f \qquad$ pour $z = 0$,

et l'on retrouverait le grossissement des auteurs

$$G = \frac{F}{f}.$$

Mais l'on voit toutes les hypothèses inexactes qu'il faut faire pour le retrouver, et cette formule ne représente comme nous l'avons fait remarquer
que le grossissement de l'objectif et dans le cas très particulier où la dis-

lance de l'œil à l'image de projection, savoir $F - \varepsilon$ a numériquement la même valeur que $f$.

Ainsi alors que les auteurs n'avaient attribué à l'objectif qu'une propriété de projection, leur propre formule indiquait que lui seul intervenait dans le grossissement observé, puisqu'ils annulaient effectivement toutes les propriétés de la lentille divergente en supposant l'œil au centre optique de celle-ci.

Nous avons examiné dans la partie expérimentale, le cas de l'œil *au delà* de l'image optique de projection et vérifié dans l'expression générale du grossissement, l'influence énorme de la lentille divergente dont l'importance était relativement nulle au point de vue du grossissement (nous ne parlons pas de la vision nette), quand l'œil était tout contre l'oculaire.

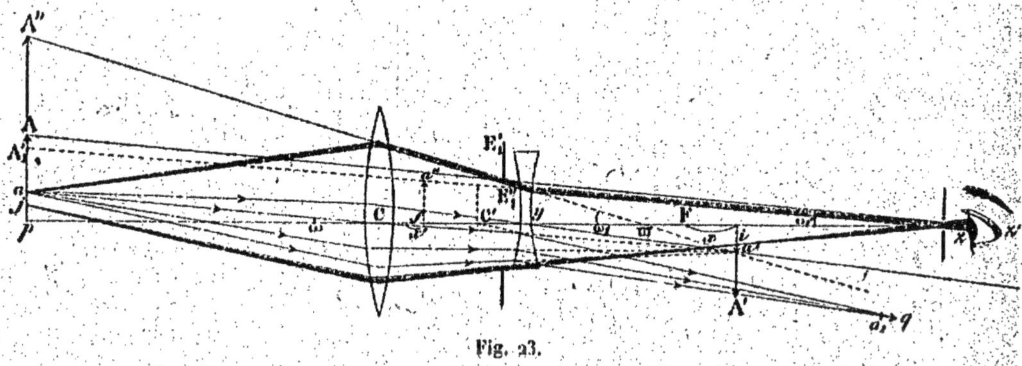

Fig. 23.

La figure ci-contre montre la marche des rayons visuels lorsque l'observateur est au delà de l'image de projection. Jusqu'ici on avait fait le silence sur l'observation à travers la lunette de Galilée dans ces conditions. Dans cette figure l'œil s'était placé à la vision distincte de l'image virtuelle $a'\omega'$ quand il regardait un objet à travers la lentille divergente *seule*. On avait donc

$$\frac{1}{f - x} - \frac{1}{p} = \frac{1}{f'}$$

Dès que l'on intercalait la lentille convergente, il n'y avait plus formation que d'images virtuelles de l'objectif et la formule ci-dessus devenait

$$\frac{1}{f - x''} - \frac{1}{\varepsilon} = \frac{1}{f'}$$

Il est facile de voir de suite, $p$ étant toujours plus grand que $z$ dans la lunette de Galilée, que

$$f - x'' > f - x',$$

c'est-à-dire que l'image virtuelle de l'objectif est plus rapprochée de l'oculaire que celle de l'objet comme la figure le montre, par suite que l'œil *n'est jamais*, si l'observateur $z$ conserve sa position primitive, à la vision distincte de cette nouvelle image virtuelle, et que s'il se met à la vision nette de cette image virtuelle, il se trouve alors voir trouble l'objet visé comme nous l'avons montré précédemment.

Cette expérience que les myopes devront répéter est de la plus grande importance pour prouver ce que nous n'avons cessé de montrer que dans la lunette de Galilée c'est toujours *l'objet que l'on n'a cessé de viser*.

Ainsi, ici impossible d'amener l'image de projection sur la choroïde, puisqu'on reste placé à plusieurs centimètres de celle-ci.

Elle n'est pas visée d'un autre côté parce qu'elle est trop près et qu'elle serait vue renversée alors que l'objet paraît toujours droit comme la figure et l'expérience le montrent. Mais si myope on regarde à l'œil nu l'objet, sans lorgnon, on le voit aussi peu nettement que dans la lunette de Galilée, à cette distance de l'oculaire quelque soit le tirage. Que l'on mette au contraire le lorgnon dont on fait usage pour les objets à la distance de quelques mètres, et l'on verra alors nettement l'objet grossi avec la lunette de Galilée l'œil à 10 centimètres de l'oculaire.

Mais on sera dans l'impossibilité de voir nettement dans les mêmes conditions les objets à 83 mètres de distance, à moins qu'on n'ait préalablement pris des verres de bésigles beaucoup plus forts, et permettant tout d'abord de voir directement avec netteté.

Par conséquent comme la figure 4 du Dr S. Czapski l'admettait implicitement la vision à travers la lunette de Galilée est la même que la vision à l'œil nu. C'est toujours à l'objet même que l'on reporte l'impression lumineuse et non au punctum proximum comme on l'enseignait. C'est toujours comme le montre notre figure 23 des rayons convergents passant par le point nodal de l'œil qui vont former une image sur la choroïde. La seule différence est qu'une fraction seulement de l'objet que l'on viserait à l'œil nu, grâce à l'objectif pénètre dans l'œil sensiblement sous le même angle visuel, d'où le grossissement.

Il en résulte que pour effectuer les mesures, afin de voir nettement et à la distance de l'objet et à quelques centimètres de l'image optique, on devra regarder à travers un petit diaphragme comme dans la vision, sans accommodation, lorsque l'œil sera au-delà de l'image optique.

On voit que le grossissement se calculera ici comme précédemment, 1° en supposant d'abord l'observateur en $\varpi$; 2° puis en admettant qu'il soit transporté en $z$. On a ici à employer la formule (A), la distance de l'œil $z$ à l'oculaire devenant du même ordre de grandeur que $\Delta$. On voit que ici $\dfrac{z-\varpi}{\Delta}$ devient de plus en plus petit, $\Delta$ étant toujours la distance du point nodal à l'image virtuelle de l'objectif, alors que dans l'observation habituelle, l'œil tout contre, ce coefficient n'est que légèrement inférieur à l'unité si bien que le grossissement de la lunette de Galilée se réduit sensiblement au grossissement de l'objectif. L'expérience vérifiera tous ces faits.

Il nous reste pour terminer à montrer le rôle de la lunette de Galilée quand on tourne la lentille divergente vers l'objet. Ce sera la meilleure preuve que nous pouvons donner que lorsque l'œil est tout contre l'oculaire (ici lentille plan convexe) c'est toujours l'objectif qui joue le rôle primordial, soit pour grossir, soit pour diminuer les objets.

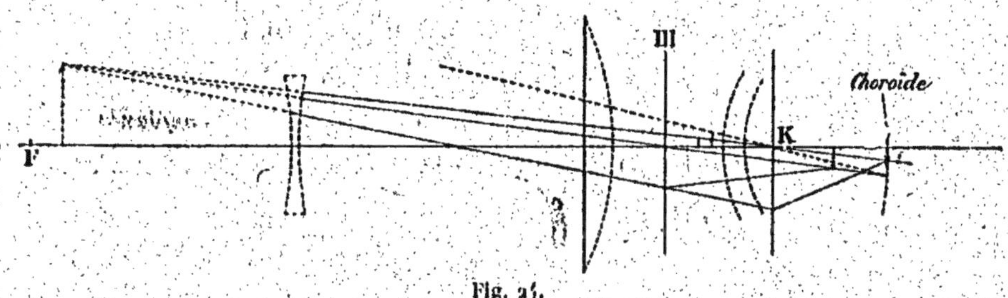


Fig. 24.

La première remarque à faire quand on regarde par le gros bout, est que *jamais* on ne voit nettement l'objet visé quelque soit le tirage, si l'on s'est placé à la vision distincte de l'objectif seul. Donc dans ces conditions l'image étant trouble ne se fait pas sur la choroïde. Toutes choses égales d'ailleurs, si tout en regardant on dévisse l'oculaire qui est ici la lentille plan-convexe, dès qu'on la retire, le champ visuel semble absolument invariable, bien que les dimensions de l'objet soient plus petites et en même temps la vision redevient très nette, puisque l'on s'était placé à la vision distincte avec l'objectif divergent seul.

Voyant 4 carreaux nets et réduits d'une fenêtre à travers la lentille divergente on a vu les mêmes 4 carreaux troubles et grossis après avoir intercalé la lentille convergente. La figure précédente rend compte de tous ces faits.

Dès qu'on intercale la lentille convergente on substitue en réalité III au système oculaire-cristallin et l'image qui se faisait préalablement sur la choroïde est reportée en avant d'où vision trouble. En même temps la ligne de direction de la vision passant par le point nodal K et représentée par une ligne pointillée fait un angle plus grand avec l'horizon que celle tracée avant qu'on eût intercalé la lentille plan convexe d'où l'explication du grossissement.

Ainsi le rôle de l'oculaire et du cristallin est celui d'une loupe par rapport à l'image virtuelle.

Et rien de semblable à ce que l'on avait observé quand la lentille plan-convexe était tournée vers l'objet, puisqu'une fraction seule était observée, alors qu'ici l'image virtuelle observée reste la même au grossissement près avant et après l'intercalation du verre convergent.

## III. — Partie expérimentale

Nous allons donc tout d'abord vérifier si les propriétés des lentilles se retrouvent dans la lunette de Galilée, comme l'indique la figure du D$^r$ Czapski et si, par suite, le grossissement est uniquement dû à la lentille convergente, la lentille divergente ne faisant que diminuer le grossissement, tout en rendant nette la vision des objets.

L'appareil qui nous a servi est une jumelle de théâtre dont nous donnons la représentation schématique quand le tirage est nul et de 13 millimètres.

Pour être exactement fixé sur la position de l'œil, position dont la distance à l'oculaire modifie de suite le grossissement, il n'y avait qu'un procédé à suivre, c'était de mettre un diaphragme d'une ouverture de 1 millimètre, immédiatement contre l'oculaire en $d$. Dans la figure 25, pour rendre visible l'angle $\varpi z z$ on a écarté le diaphragme $d$ de l'oculaire. Dans ces conditions la distance du diaphragme E de 23 millimètres d'ouverture à $d$, était de 52$^{mm}$,5 et la distance de $d$ à la face plane de l'objectif de 56$^{mm}$,5 sans tirage. L'ouverture du diaphragme en E' était de 12$^{mm}$,8. L'épaisseur de la lentille à la hauteur de la bague, était de 7$^{mm}$,75 et le diamètre de cette bague de 34$^{mm}$,5. On peut alors calculer 33$^{mm}$,8 pour l'ouverture dans le prolongement des rayons $d$E' à la distance de la bague pour un tirage de 13 millimètres. Par conséquent, quand on vise jusqu'à ce tirage, c'est l'ouverture E' qui servira de guide. On vérifie et on le voit par la figure que l'on peut aller ainsi jusqu'à ce tirage.

L'introduction d'un diaphragme d'une ouverture de 1 millimètre en $d$, a non seulement l'avantage de déterminer exactement la marche des rayons visuels, mais encore de voir *nettement sans accommodation*. En effet, lorsque l'on devait regarder à travers l'oculaire seul de $4^c,6$, sans diaphragme, on aurait été ébloui, et il aurait été impossible de procéder à des mesures. De même à travers l'objectif seul, de même à travers le système des deux lentilles, sans tirage pour une distance quelconque, de même étant myope, sans aucune lentille. La vision sans accommodation dans toutes ces conditions avec un diaphragme est assez nette pour permettre de déterminer la coïncidence de l'ouverture E' avec différentes hauteurs, qui seront les mesures, par suite, de déterminer le grossissement et les propriétés des lentilles. Les angles visuels en K sont plus grands que les angles en $d$, mais ceci n'a aucune importance puisque tout est rapporté à une même ouverture E'.

Voici les mesures effectuées, en désignant toujours pour la distance, celle du diaphragme $d$ aux objets visés,

| | Distance 142 millimètres Pas de tirage | Distance 3 mètres Tirage 10 millimètres | Distance 83 mètres Tirage 5 millimètres |
|---|---|---|---|
| Oculaire et objectif. | $44^{mm},5$ vision trouble | $53^c,0$ vision nette | $13^m,6$ vision nette |
| Objectif seul . . . | $43^{mm},0$ vision nette | $49^c,0$ vision trouble | $11^m,8$ vision trouble |
| Oculaire seul . . . | $66^{mm},0$ vision trouble | $138^c,0$ vision trouble | $36^m,5$ vision trouble |
| Ni oculaire ni objectif . . . . | $64^{mm},7$ vision nette | $128^c,2$ vision nette | $34^m,5$ vision nette |

La dernière observation avait été faite en visant les fenêtres d'un bâtiment dont le plan à l'échelle de $0^m,005$ par mètre, nous permettait de retrouver de suite les dimensions des objets visés. Pour l'objectif sensiblement plan convexe les 2 courbures donnent en dioptries $16^D \, ^3/_4$ et $4^D \, ^1/_3$ moyenne $10^D \, ^3/_8$ correspondant à une distance focale principale de $9^c,6$ Pour la lentille biconcave on a trouvé $21^D,5$, ce qui correspond à $4^c,6$ de distance focale.

La figure suivante donne la marche exacte des rayons visuels et permet de mesurer et le grossissement de l'objectif seul et celui de la lunette de Galilée (oculaire et objectif).

Le point de repère est le diaphragme E'. Le point nodal de l'observateur étant en K. S'il n'y a ni objectif, ni oculaire, l'angle visuel est $Azzp$. En intercalant l'objectif seul le rayon venu de A' est après réfraction tangent en E' et vient ensuite en $z$. Il en résulte donc que, suivant la même direction $zz$, et par la même ouverture E', l'objet A''$p$ occupe la même surface que A$p$, le grossissement de l'objectif seul est donc égal à $\dfrac{Ap}{A''p}$.

De même les rayons partis de $a$ seront tangents en $\alpha$ et après réfraction à travers l'oculaire viendront passer par $z$ comme venant de A''. Donc $\dfrac{A''p}{ap}$ représentera le grossissement du système objectif oculaire.

Il s'agit d'interpréter ces expériences.

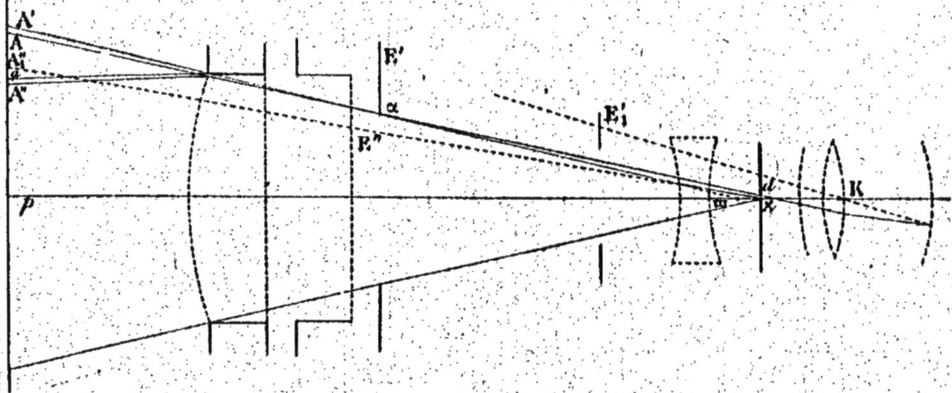

Fig. 25

Lorsque l'on vise à travers l'objectif et l'oculaire un objet de 44$^{mm}$,5 de dimensions, cela veut dire dans notre figure que du point $a$ part un rayon qui, après réfraction est tangente au diaphragme en $\alpha$, suivant $\alpha\varpi$, puis après une seconde réfraction vient passer par le point $z$ et est reporté dans la direction $z$E''A''. Le grossissement tel qu'on le définit dans la lunette astronomique sera donc donné par le rapport des tangentes de l'image de l'*objet visé*, à l'objet lui-même à l'œil nu, savoir

$$G' = \frac{\tang\ A''zp}{\tang\ azp} = \frac{A''p}{ap}.$$

En réalité, l'œil ne vise pas d'image virtuelle, comme nous l'avions vu, quand il est au point de l'objet visé, mais comme après réfraction l'angle visuel est toujours E''$zp$, il en résulte que la relation ci-dessus donne bien le grossissement, défini par les angles sous lesquels on voit l'objet visé $ap$ après et avant réfraction. Le grossissement de l'objectif seul (sans oculaire) (vision trouble) sera de même donné par le rapport

$$\frac{\tang\ Azp}{\tang\ A'zp} = \frac{Ap}{A'p}.$$

Le grossissement de l'objectif déterminé *à l'aide de l'oculaire* serait au contraire donné par (A′ et $a$ étant vus dans la direction commune $z$E′A₁),

$$\frac{\operatorname{tang} A'zp}{\operatorname{tang} azp} = \frac{A'p}{ap}.$$

Ainsi dans la figure 25 on a les hauteurs ci-jointes observées

| | |
|---|---|
| A′p . . . . . . . . . | Oculaire seul. |
| $ap$ . . . . . . . . . | Objectif et oculaire. |
| A$p$ . . . . . . . . . | Ni oculaire, ni objectif. |
| A″$p$ . . . . . . . . . | Objectif seul. |

Et l'on obtient ainsi $\dfrac{Ap}{A'p} = 1{,}5o$     $\dfrac{A'p}{ap} = 1{,}46$ ; par conséquent le grossissement de l'objectif seul sera exactement déterminé par le rapport

$$G = \frac{Ap + A'p}{ap + A''p} = 1{,}49.$$

D'un autre côté, le grossissement final quand on observera avec l'objectif et l'oculaire en $z$ s'obtiendra en remarquant que l'on observe la hauteur $ap$ tangente en $a$ avec le système des deux lentilles et comme venant après réfraction à travers celles-ci de A″₁, on a donc, comme nous l'avons déjà indiqué

$$G' = \frac{A''_1 p}{ap}.$$

Comme le grossissement de l'objectif seul quand on est en $z$ est égal à $\dfrac{Ap}{A'p} = \dfrac{A'p}{ap}$ sensiblement, et que $A'p > A''_1 p$, on voit que l'action de la lentille divergente est de *diminuer* le grossissement dû à l'objectif. C'est donc celui-ci seul qui intervient dans le grossissement de la lunette de Galilée.

La formule ci-dessus revient à

$$G' = \frac{A'p}{ap} \cdot \frac{A''_1 p}{A'p}.$$

Or, le rapport $\dfrac{A'p}{ap}$ est le grossissement de l'objectif seul, que nous représenterons par G et $\dfrac{A''_1 p}{A'p} = \dfrac{F'}{F'_1} = D$ la diminution due à l'oculaire seul, on voit donc que le grossissement dans la lunette de Galilée est exprimée par la relation

$$G' = G \times D.$$

Donc expérimentalement on déterminera $\frac{F'}{F}$ pour différentes distances de l'observateur à l'oculaire pour lesquelles $\frac{A'p}{ap}$ se déterminera nettement en intercalant et supprimant l'objectif, on vérifiera alors que le produit redonne une valeur inférieure à $\frac{Ap}{ap}$ directement déterminé.

C'est surtout pour les distances suffisamment grandes de l'œil à l'oculaire que D prendra des valeurs de plus en plus petites, et par suite que l'on pourra juger de l'exactitude de cette relation. Dans ces premières recherches nous voulons simplement démontrer que le grossissement est moindre avec l'oculaire que sans oculaire.

On aura donc dans ces trois séries d'expériences

| | | 1re expérience à $0^m,142$ | 2e expérience à 3 mètres | 3e expérience à 83 mètres |
|---|---|---|---|---|
| Grossissement objectif | $\frac{Ap}{A''p}$ | $\frac{64,7}{43,0} = 1,50$ | $\frac{128,2}{49,0} = 2,62$ | $\frac{34,5}{11,8} = 2,92$ |
| Grossissement objectif et oculaire $\frac{A'_1p}{ap} < \frac{Ap}{ap}$ | $\frac{Ap}{ap}$ | $\frac{64,7}{44,5} = 1,45$ | $\frac{128,2}{53,0} = 2,43$ | $\frac{34,5}{13,6} = 2,53$ |

Il résulte nettement de ces mesures, que le grossissement de la lunette de Galilée est uniquement dû à l'objectif, ce qui est conforme à ce que l'on observe avec un verre grossissant quand l'œil est placé entre le verre et l'image optique qu'il fournit ; que l'addition de l'oculaire biconcave devant l'œil diminue le grossissement encore plus que ne l'indiquent les rapports ci-dessus. Par conséquent on retrouve les propriétés des lentilles biconcaves.

Que le grossissement de la lunette de Galilée revient sensiblement à celui de l'objectif seul quand l'œil est tout contre l'oculaire, par suite que la variation observée dans le grossissement est celle de l'objectif et que l'on a en visant des objets de plus en plus éloignés,

$$\frac{F + \omega}{F + \omega - \iota} < \frac{F}{F - \iota}$$

qui donne en effet pour un même tirage :

$$F (F + x) - t (F + x) < F (F + x) - tF$$

Or dans la première et la dernière expérience l'écartement $t$ des deux lentilles était sensiblement le même, par conséquent le grossissement dans la 3ᵉ expérience devait être plus grand que dans la première, où l'œil était plus éloigné de l'image de projection. C'est ce que l'expérience a permis de vérifier.

Ces expériences nous montrent donc de la façon la plus nette le rôle de la lentille convergente. C'est elle seule qui intervient comme verre grossissant dans l'observation habituelle avec la lunette de Galilée. Au point de vue *du grossissement* l'oculaire a peu d'importance, *quand l'œil est tout contre*. Mais en ce qui concerne la vision nette, il est fondamental, puisque comme dans le microscope solaire, il permet de déplacer l'image de projection qui se formait dans l'œil et de l'amener rigoureusement sur la choroïde. Montrons maintenant le rôle énorme de l'oculaire sur le grossissement. Ceci se présente au fur et à mesure que l'œil s'écarte de la lentille biconcave.

### Observateur au delà de l'image optique

L'observateur était à 9 centimètres de l'oculaire et voyait très distinctement avec celui-ci seul un corps de bâtiment à 83 mètres de distance. On était donc à la vision distincte de l'image virtuelle de l'oculaire. En plaçant alors devant l'œil le diaphragme ordinaire de 1 millimètre d'ouverture, on se mettait à une distance invariable de l'oculaire et on avait une vision nette soit de l'image virtuelle avec l'oculaire seul, soit de l'objet visé toujours *droit* avec l'objectif et l'oculaire (ici sans tirage), soit de l'image *renversée* en $a'$ quand on supprimait l'oculaire, soit de l'objet visé $pA$ directement à travers l'ouverture $E'_1$ quand on supprimait l'objectif et l'oculaire. On pouvait donc ainsi procéder à des mesures précises. Ici c'est le diaphragme, $E'_1$ à 1,5 millimètre de l'oculaire qui sert de terme de comparaison ; $a'a'$ est toujours l'image virtuelle de l'*objet* avant qu'on ait intercalé la lentille convergente (*fig*. 26).

Distance de l'œil à l'oculaire, 9 centimètres, vision nette avec l'oculaire seul. Objet visé à 83 mètres. Vision nette sans tirage de l'objet $ap$.

| | | |
|---|---|---|
| Oculaire et objectif . . | image droite . . . | $2pa = 5^m,5$ |
| Objectif seul . . . . | image renversée . . | $2pj = 4^m,05$ |
| Oculaire seul . . . . | image droite . . . | $2pA' = 21^m,4$ |
| Ni oculaire, ni objectif . . . . . . . | | $2pA = 8^m,7$ |

Etant à la vision nette de l'image virtuelle $a''x'$ sans objectif on ne l'était donc plus de l'image virtuelle C' de l'objectif. Donc on ne visait pas d'image virtuelle quand pour un tirage convenable on voyait nettement l'objet $ap$.

Ici impossible de soutenir d'après les figures (1) et (4) que l'image virtuelle $a''x'$ même en admettant qu'on l'eût visée encore après l'intercalation de l'objectif correspondait à l'image optique de projection fournie par cette lentille comme les auteurs l'avaient enseigné, autrement dit renversée sur le fond de l'œil comme sur l'écran de projection puisque les images virtuelles, restent *droites*, l'objet visé est toujours vu droit et l'image de projection de celui-ci, est *vue renversée*, c'est à dire *droite* sur le fond de l'œil, donc renversée sur l'écran et droite sur la choroïde ; en dehors de ce fait que nous avons déjà signalé que à la distance A', l'image de projection correspond à un objet visé $pj$ de $4^m,o5$ sans oculaire et à un objet $pa$ de $5^m,5$ avec oculaire. Donc ce n'était pas le *même objet* dont l'image de projection était vue agrandie.

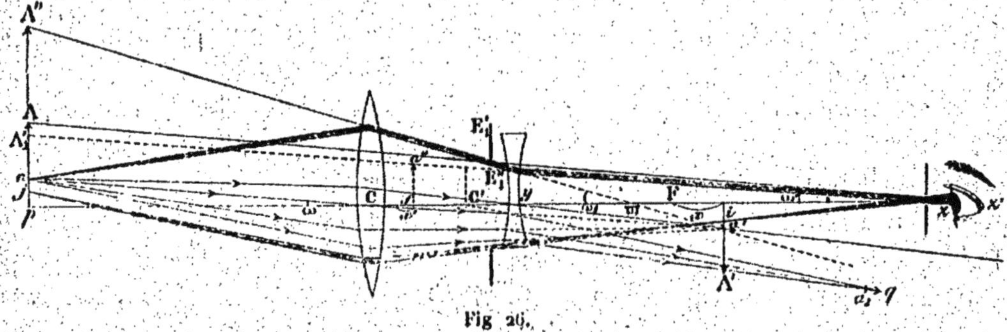

Fig 26.

En outre, nous faisons ici la démonstration qui est une confirmation de la figure (2) exacte des auteurs, que les rayons allant faire image optique à la distance A' mais passant *au-dessous* du centre optique de l'oculaire étaient déviés en $q$ dès que l'on intercalait la lentille biconcave entre l'image optique et l'objectif. Seuls les rayons qui interviennent aussi pour donner l'image de projection d'un point, mais passant *au-dessus* du centre optique de l'oculaire, subissaient une déviation, par l'intercalation de celui-ci, qui reportait de $\varpi$ en $z$ les faisceaux lumineux pouvant ainsi entrer dans l'œil.

On reconnaît donc une fois de plus la grossière erreur géométrique commise par les auteurs faisant converger non pas en $q$ mais de l'autre côté de la lentille, les rayons convergents donnant l'image réelle $a'$ avant l'intercalation de l'oculaire.

Le calcul du grossissement se fera facilement. Le grossissement est exactement donné par la relation

$$G' = \frac{p\mathrm{A}_1'}{pa}.$$

Si l'on suppose, ce qui est le cas des expériences actuelles, $Cx$ négligeable par rapport à $pC = 83$ mètres, la tangente $pa$ de l'angle visuel peut être remplacée par $\tan \omega$ d'où

$$G' = \frac{\tan \omega'}{\tan \omega};$$

mais les mesures ne donnent pas $\tan \omega'$ savoir $p\mathrm{A}_1'$ mais $p\mathrm{A}$. On a la relation

$$p\mathrm{A}_1' = p\mathrm{A} \cdot \frac{\mathrm{E}''}{\mathrm{E}_1'},$$

$\mathrm{E}''$, $\mathrm{E}'$ désignant les ouvertures aux rayons réels sans déviation et virtuels.

Or on a

$$\frac{1}{\omega} - \frac{1}{z} = \frac{1}{f}.$$

Si l'on désigne par $d$ la distance du diaphragme $\mathrm{E}'$ à la partie externe $y$ de l'oculaire qui était de 21 millimètres, on aura

$$\frac{z}{y} = \frac{z + d}{\mathrm{E}_1'}, \qquad \frac{\omega}{y} = \frac{\omega + d}{\mathrm{E}_1'},$$

d'où

$$\frac{\mathrm{E}''}{\mathrm{E}_1'} = \frac{\omega}{z} \cdot \frac{z + d}{\omega + d}.$$

$\omega$ étant connu en fonction de $z$ et de $f$ par la relation des lentilles divergentes, $\dfrac{\mathrm{E}''}{\mathrm{E}_1'}$ est donc connu, d'où $p\mathrm{A}_1'$.

Pour $z = 9^c$ et $f = 5^c$, on avait $\omega = 3^c,2$, d'où $\dfrac{\mathrm{E}''}{\mathrm{E}_1'} = 0,74$.

Ayant déterminé le rapport $\dfrac{\mathrm{E}''}{\mathrm{E}_1'} = 0,74$ pour cette distance et un foyer de 5 centimètres, nous obtenons

$$2\,p\mathrm{A}_1'' = 8^m,7 \times 0,74 = 6^m,44.$$

Par suite le grossissement à cette distance sera égal à

$$G' = \frac{2pA'_1}{2pa} = \frac{6^m,44}{5,5} = 1,17.$$

Si dans notre figure 26 nous enlevons l'objectif, nous voyons que le faisceau qui pénètre dans l'œil va aboutir en A". Donc, puisque en intercalant l'objectif on ne voit plus à travers la même ouverture E'₁ que $2pa$ au lieu de $2pA''$ il en résulte que le *grossissement* dû à l'*objectif* est égal à

$$\frac{A''p}{ap} = \frac{21,4}{5,5} = 4,0.$$

Si l'observateur était en $\varpi$ et que l'on vînt à supprimer l'oculaire, le rapport $\dfrac{A''p}{ap}$, l'objet étant très éloigné, donnerait précisément le grossissement de l'objectif seul.

On voit donc que si ici, il y a une aussi grande différence entre le grossissement total 1,17 et le grossissement de l'objectif seul 4,0 alors que ces deux quantités étaient presques égales quand l'œil était tout contre l'oculaire, cela tient à ce que $z$ est très différent de $\varpi$. Nous avons calculé $\varpi = 3^c,2$, pour $z = 9^c$, tandis que ces deux quantités étaient presque égales quand l'œil est tout contre la lentille.

Mais on a

$$G' = \frac{\tan g\ \omega'}{\tan g\ \omega} = \frac{\tan g\ \omega_1}{\tan g\ \omega} \times \frac{\tan g\ \omega'}{\tan g\ \omega_1},$$

en nommant $\omega_1$ l'angle sous lequel on vise $pA''$ en $\varpi$.

Le rapport $\dfrac{\tan g\ \omega_1}{\tan g\ \omega}$ représente le grossissement G dû à l'objectif seul, $\dfrac{\tan g\ \omega'}{\tan g\ \omega_1}$, la diminution D due à la lentille.

On a effectivement

$$\tan g\ \omega' = \frac{pA'_1}{p + \varepsilon + z}, \qquad \tan g\ \omega_1 = \frac{pA''}{p + \varepsilon + \varpi}.$$

Si donc $\varepsilon + z$ et $\varepsilon + \varpi$ sont négligeables par rapport à $p$

$$D = \frac{\tan g\ \omega'}{\tan g\ \omega_1} = \frac{pA'_1}{pA''} = \frac{6,44}{21,4} = 0,3.$$

Ayant déterminé plus haut le grossissement dû à l'objectif seul et l'ayant trouvé égal à 4,0, on a donc

$$G' = 4,0 \times 0,3 = 1,2,$$

nous l'avons mesuré précédemment et trouvé égal à 1,17. La formule générale

$$G' = G \times D,$$

est donc bien démontrée, que l'observateur soit placé en deçà ou au delà de l'image optique.

———

# RÉSUMÉ

—

Nous sommes arrivé à la fin de cette étude et nous avons eu un exemple frappant de ce que vaut une théorie lorsque le point de départ est une idée fausse comme celle représentée par la figure 1 des ouvrages.

Rarement, croyons-nous, on a rencontré pareille accumulation d'erreurs dans une théorie classique.

Quel fut le premier auteur de la figure 1 ? Nous n'avons pu le savoir, et personne n'a pu nous renseigner à ce sujet.

Mais on voit combien il est dangereux d'admettre comme exacte une construction uniquement parce que de tout temps elle a été donnée, et de la reproduire sans contrôle.

Il aurait suffi d'appliquer la loi des indices de réfraction aux deux rayons convergents allant former une image de projection d'un point, fournie par la première lentille, pour reconnaître que ces rayons restaient convergents au sortir de l'oculaire et par suite ne pouvaient transformer une image réelle en une image virtuelle. C'est ce que nous avons démontré à l'aide de notre figure 2 *bis*, conforme à celle (2) des auteurs, pour le microscope solaire.

La comparaison des figures 1 et 2 aurait du reste suffi à donner la preuve que l'une des deux était fausse.

Mais comment admettre que tant de professeurs ont pu répéter la même construction fausse ?

Une des raisons est que la distinction entre les rayons de vision et les rayons de construction des lentilles n'est jamais faite. Rarement on s'inquiète de montrer les rayons pénétrant dans l'œil des observateurs. En outre, la plupart des professeurs ignorent encore aujourd'hui que la lunette de Galilée a permis à Miethe de photographier les objets éloignés.

Il en résulte que les rayons de la figure 1 leur semblaient tout naturellement être ceux que l'on voyait. Aussi il sera indispensable de donner tout d'abord, dans la description nouvelle de la lunette de Galilée, la figure 26.

Celle-ci a l'avantage de montrer de suite la distinction fondamentale entre les rayons de vision représentés par un mince pinceau haché et les rayons de projection, de photographie $aCq$. Avec les premiers, l'objet est vu *droit* ; avec les seconds, on a sur un écran une image *renversée* des objets.

Une fois cette distinction faite, il n'y a plus qu'à montrer l'œil se rapprochant de l'oculaire et voyant toujours l'objet droit, grâce à la même construction, alors que le faisceau de rayons passant au-dessous du centre optique de l'objectif et de l'oculaire continue à fournir des rayons de projection, de photographie.

Puis avec la même figure on étudie successivement le rôle des deux lentilles, et par suite on peut faire pressentir que le calcul du grossissement sera fonction des propriétés individuelles de celles-ci, et montrer que l'œil étant tout contre l'oculaire, le grossissement se réduit sensiblement à celui que donnerait l'objectif seul.

Étudiant alors le rôle fondamental de l'oculaire comme permettant ici, par un tirage convenable (*fig*. 6), de ramener sur la choroïde l'image de projection formée dans l'œil en avant de celle-ci, on aura donné la véritable théorie de la lunette de Galilée dans laquelle il ne restera plus rien d'obscur.

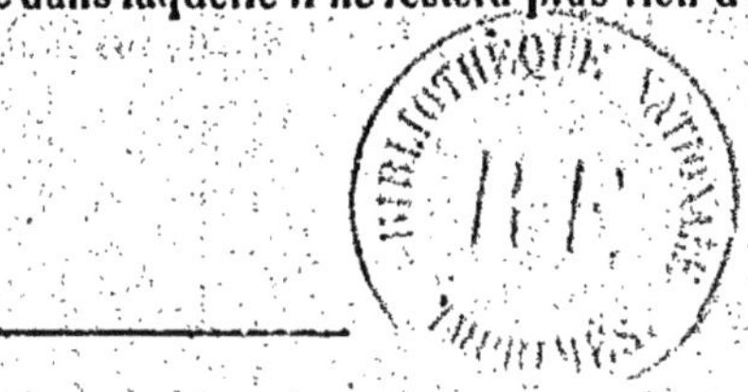

# TABLE DES MATIÈRES

## AVANT-PROPOS



## I. — De la vision à travers les lentilles

## II. — Théorie complète en tenant compte de la réfraction de l'œil

### I. — De la vision distincte à travers une lentille divergente



### II. — De la vision à travers une lentille convergente

### III. — Partie expérimentale

#### 1° *Observateur tout contre l'oculaire*



$$G' = G \times D$$



#### 2° *Observateur au-delà de l'image optique*



### Résumé

Saint-Amand (Cher). — Imprimerie BUSSIÈRE.

Documents manquants (pages, cahiers...)
NF Z 43-120-13